Hans-Werner Bastian

Fliesen legen

Verlegepläne, Material, Klebetechnik

FALKEN

Inhalt

Materialkunde Fliesen

Fliesen als Wand- oder Bodenbelag halten ein Leben lang, sind pflegeleicht, hygienisch und bieten eine fast unendliche Vielfalt an Formen und Farben

Keramische Wand- und Bodenbeläge

In kaum einem anderen Bereich von Baustoffen finden Sie ein so breites Angebot wie bei keramischen Fliesen und Platten. Unter dem Oberbegriff „feinkeramische Fliesen" werden hier vom Fachmann die Produkte zusammengefaßt, die sich im Wohnbereich einsetzen lassen. Sie erkennen Fliesen dieser Gruppe an ihrem feinkörnigen kristallinen „Scherben", womit im Fachjargon der eigentliche Fliesenkörper bezeichnet wird.

Von der Materialzusammensetzung und dem bei der Herstellung gewählten Brandverfahren hängt es ab, ob eine Fliese auch im Außenbereich eingesetzt werden kann. Dazu muß sie nämlich frostbeständig sein.

Nur für den Innenbereich können Sie sogenannte Steingutfliesen verwenden. Ihr relativ weicher und gut zu bearbeitender Scherben ist aber porös und nimmt Wasser auf. Daher scheidet die Verlegung in frostgefährdeten Bereichen aus. Je nach Ursprung des Rohmaterials finden Sie weiße, gelbliche und rötliche Färbungen. Der Ton wird meist trocken gepreßt und bei Temperaturen von 850 bis 1000 °C gebrannt. Ihre dekorative Oberfläche und den typischen Glanz erhalten Steingutfliesen durch die anschließende Glasur. Sie macht den Scherben unempfindlich gegen im Haushalt auftretende Chemikalien. Ihre Abriebfestigkeit ist aber eingeschränkt. Als Bodenbelag eignen sich glasierte Steingutfliesen daher nur in Bädern oder Schlafräumen, die nicht mit festem Schuhwerk begangen werden.

Bei Steinzeugfliesen, die aus ähnlichen Rohstoffmischungen – nämlich Ton, Porzellanerde und Zusätze von Quarz, Kreide oder Kalk sowie Feldspat – gebrannt werden, sorgen Zusammenpressen der Rohlinge und höhere Brenntemperaturen (1200 °C) für eine Sinterung des Materials. Der Scherben wird sehr hart und nimmt anschließend so gut wie kein Wasser auf. Daher sind Steinzeugfliesen frostsicher und können z. B. auf Terrassen oder Außentreppen verlegt werden.

Beachten Sie beim Fliesenkauf: Unifarbene Fliesen passen nicht zu Sanitärobjekten der gleichen Farbe, da die Farbtöne der Sanitärkeramik abweichen können

Nahezu unbegrenzte Gestaltungsmöglichkeiten bieten Ihnen Keramikserien mit sogenannten Ausschnittfliesen und dazu passenden kleinformatigen Einlegern

Um geflieste Flächen zu gliedern bzw. abzugrenzen oder einzurahmen werden die verschiedensten Bordüren und Randleisten in passenden Tönen angeboten

Auch im Bodenbereich können Sie heute mit Fliesen unterschiedlicher Formate und Dekore phantasievoll spielen. Hier wird der Rand des Belags effektvoll betont

Bei Fliesen im Außenbereich kommt es vor allem auf Frostsicherheit an. Achten Sie auch darauf, daß der Belag bei Nässe ausreichende Trittsicherheit bietet

Glasierte Steinzeugfliesen werden je nach Abriebfestigkeit ihrer Glasur in vier Belastungsgruppen eingestuft:
Abriebgruppe I: Für leichteste Beanspruchung. Wird heute kaum noch angeboten.
Abriebgruppe II: Für wenig begangene Räume im privaten Bereich.
Abriebgruppe III: Für den gesamten Wohnbereich einschließlich Fluren, Treppen und Küche.
Abriebgruppe IV: Für stärkste Beanspruchung und alle Bereiche innen wie außen.

Besonders widerstandsfähig sind unglasierte Steinzeugfliesen. Selbst in stark begangenen Bereichen wie Hausfluren oder Küchen zeigen sie kaum Abnutzungserscheinungen. Zum Schutz gegen Verschmutzungen reibt man die unglasierten Fliesen gelegentlich mit Paraffinöl oder einem Spezialwachs ein.

Auswahl nach Qualität, Format und Dekor

Das Fliesenangebot des Fachhandels bietet eine Vielzahl von Farben, Dekoren und Formaten. Bei der Auswahl sollten Sie dem eigenen Geschmack folgen, sich aber auch an einigen Grundregeln orientieren:

- Je kleiner die Fläche oder der Raum, umso kleiner sollte auch das Format der ausgewählten Fliesen sein.
- Rechteckige Formate, waagerecht an der Wand verlegt, betonen die Länge.
- Niedrige Räume wirken durch senkrecht verlegte Querformate höher.
- Farbige Fugen betonen das Fliesenformat und gliedern die die Fläche.

Vor dem Fliesenkauf müssen Sie bedenken, ob der Belag frostsicher sein muß, welche Abriebbelastung zu erwarten ist und welche Farben bzw. Formate am besten zum jeweiligen Bereich passen. Daneben müssen Sie aber auch auf die Qualität achten. Neben der ersten Sortierung werden in Sonderangeboten nämlich häufig auch 2. Sorten angeboten, bei denen leichte Farb-, Kanten- und Oberflächenfehler auftreten.

Materialkunde Fliesenkleber

Damit Fliesenbeläge sich dauerhaft mit dem jeweiligen Untergrund verbinden, kommt es auf die Wahl des richtigen Klebers an

So sorgen Sie für die richtige Bodenhaftung

Fachhandel und Baumärkte bieten heute eine breite Palette an Fliesenklebern für die verschiedensten Anwendungsbereiche an. Die hier erwähnten Produkte sind vornehmlich für die Verlegung im sogenannten Dünnbettverfahren geeignet, das in einem gesonderten Kapitel (Seite 20-23) noch ausführlich erklärt werden soll. Grundsätzlich gibt es nach Zusammensetzung und Eigenschaften vier Gruppen von Fliesenklebern.

Hydraulisch härtende Klebemörtel auf Zementbasis

Diese Fliesenkleber müssen nach Herstellerangabe mit Wasser angemischt werden. Das Wasser wird teilweise beim Aushärtungsprozess gebunden. Mit dem in die Bohrmaschine gespannten Rührkorb für Mörtel vermischen Sie das graue Kleberpulver zu einem völlig klumpenfreien Brei. Die meisten Mörtel brauchen anschließend noch eine „Reifezeit“ von einigen Minuten, bis sie nach nochmaligem Durchrühren gebrauchsfertig sind.

Hydraulisch härtende Klebemörtel werden im Dünnbettverfahren zwei bis sechs Millimeter stark mit der Zahnkelle aufgezogen. Sie eignen sich vor allem für formstabile, saugfähige mineralische Untergründe wie Beton oder Zementestrich. Sie sind wasser- und frostbeständig. Daher könnnen sie auch im Außenbereich eingesetzt werden.

Bei Marmorfliesen und anderen durchscheinenden Wand- und Bodenbelägen kann der handelsübliche zementgebundene Fliesenkleber sich dunkel unter den Platten abzeichnen. Daher werden für solche Materialien weiße Spezialkleber angeboten, mit denen Sie die Bildung unschöner Flecken sicher vermeiden.

Kunststoffvergütete Klebemörtel

Für Naßbereiche und alle arbeitenden Untergründe wie Trockenestrich-Elemente, Heizestrich, Faserzement- und Gipskartonplatten usw. muß der hydraulisch härtende Klebemör-

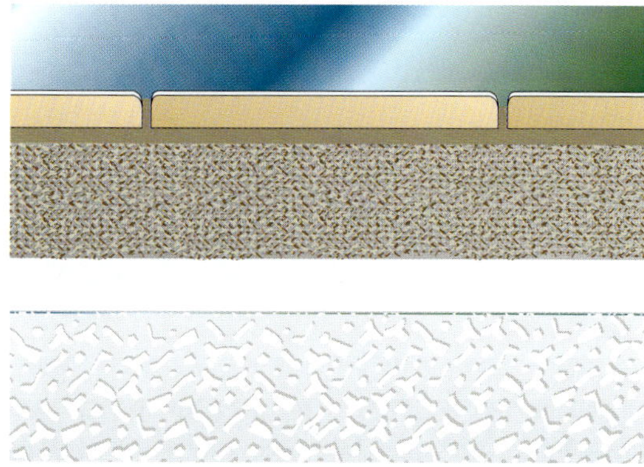

Auf einem normalen Zementestrich können Sie Fliesen problemlos mit einem hydraulisch härtenden Standard-Fliesenkleber im Dünnbett-Verfahren verlegen

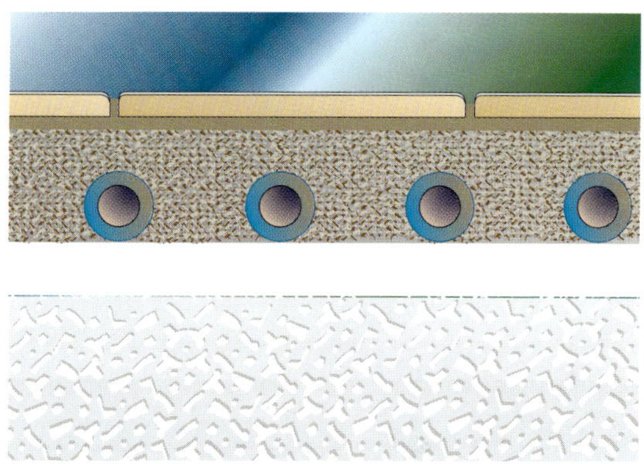

Heizestriche unterliegen recht starken Temperaturschwankungen – der Beton arbeitet. Nur ein kunststoffvergüteter flexibler Fliesenkleber ist hier geeignet

Trockenestrich-Elemente – ob auf Dämmschichten oder Trockenschüttungen verlegt – sind weicher als ein Betonestrich. Auch hier muß der Kleber elastisch sein

Alte Dielenböden werden häufig mit Spanverlegeplatten abgedeckt, um darauf Fliesen zu kleben. Ein solcher Unterbau verlangt einen flexiblen Fliesenkleber

Mit Gipskartonplatten verkleidete Wände sind nicht so starr wie Mauerwerk. Hier brauchen Sie kunststoffvergüteten Zementkleber oder Dispersionskleber

Dispersionskleber ist ideal zum direkten Verkleben von Fliesen auf einem vorhandenen alten Fliesenbelag. Der Untergrund muß vorher sorgfältig gereinigt werden

tel mit Kunststoffzusätzen versehen werden, die ihn flexibel und gleichzeitig wasserundurchlässig machen. Solche Vergütungen kann man auch nachträglich zumischen. Ein flexibel aushärtender Fliesenkleber nimmt die Bewegungen des Untergrunds auf und verhindert, daß der Belag durch Schwingungen oder Spannungen reißt.

Schnellkleber

Für alle Bereiche, die schnell nach dem Verfliesen begehbar sein sollen (Eingänge, Treppenstufen usw.), verwendet man sogenannte Schnellkleber, die durch Beimischung bestimmter Zusätze bereits nach drei Stunden hart sind und verfugt werden können.

Dispersionskleber

Im Gegensatz zu den pulverförmigen Klebern auf Zementbasis wird Dispersionskleber auf Kunststoffbasis gebrauchsfertig angeboten. Er behält auch nach dem Aushärten eine gewisse Flexibilität und eignet sich daher für Untergründe aus Gipskarton oder Spanplatten. Aufgrund seiner langen Verarbeitungszeit können Sie den Sitz der frisch verlegten Fliesen noch nach etwa 15 Minuten korrigieren.

Auch das Kleben von „Fliese auf Fliese" ist mit Dispersionskleber möglich. Der Kunststoffkleber ist im Verhältnis zu zementgebundenem Fliesenkleber aber relativ teuer, nicht frostbeständig und für die Verlegung am Boden aufgrund seiner langen Trockenzeit nicht zu empfehlen.

Zwei-Komponenten-Kleber

Für besonders stark beanspruchte Fliesenbeläge auf Problemuntergründen wird dieser aus Epoxidharz und Härter angemischte Kleber verwendet. Die beiden getrennt verpackten Komponenten werden am besten mit dem Rührvorsatz der Bohrmaschine gründlich vermischt. Die Verarbeitungszeit („offene" Zeit) ist relativ kurz. Mischen Sie daher niemals zuviel Kleber auf einmal an.

Zwei-Komponenten-Kleber sind auch gegen aggressive Chemikalien beständig. Alle Werkzeuge, die beim Mischen und Verlegen damit in Berührung kommen, müssen unbedingt vor dem Aushärten des Materials gereinigt werden, weil sich die Kleberreste sonst kaum noch entfernen lassen.

Der richtige Fugenmörtel

Wie die handelsüblichen Pulverkleber werden auch die als Trockenmischung erhältlichen Fugenmörtel auf Zementbasis hergestellt. Am besten wählen Sie stets Kleber und Fugenmörtel aus dem System eines Herstellers. Dann können Sie sicher sein, daß die Produkte optimal zueinander passen.

Für breitere Fugen ab 4 mm müssen Fugenmörtel ähnlich wie Kleber für Problemuntergründe mit Kunststoffanteilen versehen sein, um gewisse Spannungen im Belag aufnehmen zu können. Das gleiche gilt für Fugen in Feuchträumen und im Außenbereich. Neben den Standardfarben Weiß und Grau bekommen Sie Fugenmörtel auch in den verschiedensten aktuellen Sanitärfarben.

Dauerelastische Fugen

Überall dort, wo sich nach dem Verfugen Dehnungsrisse bilden können – beispielsweise bei Wandanschlüssen oder über den Dehnungsfugen des Estrichs – müssen die Fliesenfugen dauerelastisch ausgebildet werden. Hierfür werden Silikonkartuschen angeboten. Das in der Kartusche enthaltene Silikon vernetzt sich beim Aushärten und gibt dabei bestimmte Spaltprodukte ab.

Bei sauer vernetzenden Silikonen ist dies Essigsäure. Es entsteht der typische saure Geruch. Solche Silikon-Produkte haften hervorragend auf Glas, glasierten Flächen und Aluminium. Problematisch sind Untergründe aus blankem Eisen und aus Buntmetallen. Als Alternative bieten sich hier neutral vernetzende Silikone an, die auf fast allen Untergründen haften, dafür aber länger aushärten müssen und empfindlicher gegen mechanische Belastungen sind. Eine weitere Alternative stellen Acryldichtmassen dar, die jedoch nicht die Elastizität und das Dichtvermögen von Silikon erreichen.

Beim Kauf des Fugenmörtels müssen Sie die Fugenbreite beachten. Ab 4 mm Breite sollte man nur kunststoffvergütete Produkte verwenden, die nicht reißen

Für Dehnungsfugen gibt es spezielle Profile, die man beim Verlegen der Fliesen ins Kleberbett drückt – hier über der Dehnungsfuge im Estrich des Unterbodens

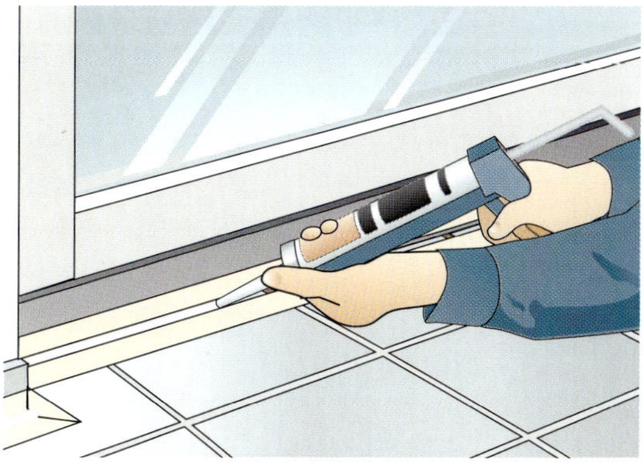

Wo unterschiedliche Bauteile aneinanderstoßen, werden die Dehnungsfugen meist mit Silikon aus der Kartusche hergestellt. Die Fuge wird seitlich abgeklebt

Werkzeuge zum Fliesenlegen

Um Fliesen fachgerecht verlegen zu können, brauchen Sie vor allem Werkzeuge, mit denen sich das keramische Material schneiden und brechen läßt

So lassen sich keramische Fliesen bearbeiten

Mit den richtigen Werkzeugen können Sie das harte und sehr spröde keramische Material exakt trennen und in die gewünschte Form bringen. Eine Anschaffung, die sich auf jeden Fall lohnt, ist eine Fliesenschneidemaschine, in die Sie die Platte einlegen, um sie dann auf der glasierten Seite anzuritzen. Das Hartmetallrädchen der Schneidemaschine wird dabei unter gleichmäßigem Druck über die Fliese geführt. Anschließend brechen Sie die Platte über einer Kante. Viele Schneidemaschinen besitzen auch Brechvorrichtungen, bei denen Sie die Hebelkraft des Werkzeugs einsetzen können.

In Küchen und Bädern müssen beim Fliesenlegen Rohranschlüsse ausgespart werden. Liegen die Aussparungen im Randbereich, können Sie, wie im großen Foto links gezeigt, den Winkelschleifer einsetzen. Bestückt mit einer Steinscheibe oder einer Diamant-Trennscheibe schneidet das Elektrowerkzeug die Fliesen ein. Sie brechen das Abfallstück anschließend einfach mit einer Zange heraus.

Für Feinarbeiten können Sie auch ein bewährtes Handwerkzeug einsetzen: die sogenannte Papageienzange. Ihren Nahmen hat sie wegen der Form ihrer Schneiden bekommen. Seitliche Aussparungen lassen sich damit Stück für Stück herausknabbern. Eine andere Methode ist das Sägen. Sie brauchen dazu einen mit Diamantsplittern bestückten Sägedraht. Selbst die elektrische Stichsäge läßt sich einsetzen. Es gibt dafür Spezialsägeblätter (sogenannte Riss-Blätter) mit Hartmetallbestückung.

Befindet sich die für eine Rohrdurchführung erforderliche Aussparung in der Mitte einer Fliese, brauchen Sie einen hartmetallbestückten Lochschneider oder eine Karat-Lochsäge mit Hartmetallschneiden. Oder Sie arbeiten mit dem auf Seite 15 gezeigten Fliesenlochgerät. Die Platte wird in das mit einer runden Aussparung versehene Werkzeug eingespannt und das Loch dann mit dem spitzen Fliesenhammer hineingeschlagen.

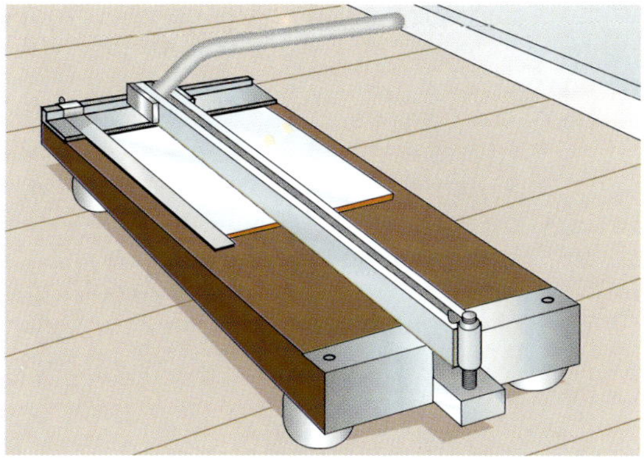

Die Fliesenschneidemaschine ist das wichtigste Werkzeug. Sie ist mit einem Hartmetallrädchen bestückt, das die harte Glasur der Fliese gleichmäßig anritzt

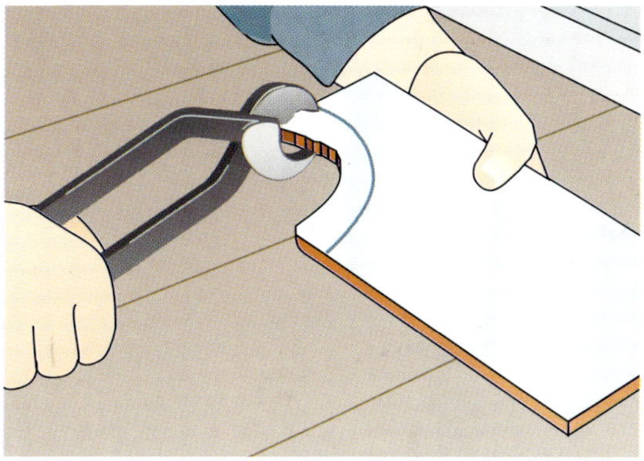

Die Fliesenzange (Papageienzange) wird benutzt, um Aussparungen herauszubrechen. Auch schmale Randstreifen brechen Sie nach dem Anritzen damit ab

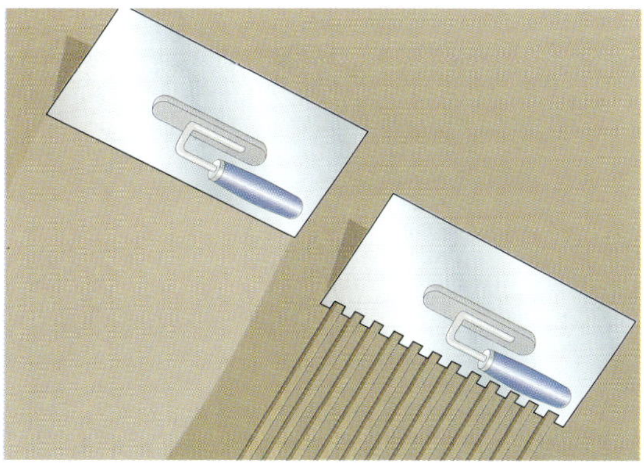

Eine Glättkelle brauchen Sie zum gleichmäßigen Verteilen des Klebemörtels. Anschließend wird der Mörtel mit der Zahnkelle Bahn für Bahn durchgekämmt

Wichtig sind auch die Werkzeuge zum Anmischen, Verteilen und Aufkämmen des Klebemörtels. Zum gleichmäßigen Mischen des Kleberpulvers mit dem Wasser brauchen Sie einen Rührvorsatz für die Bohrmaschine. Dieses Werkzeug sollten Sie nach jedem Gebrauch in einem Eimer mit klarem Wasser reinigen. Einmal durchgetrockneter Klebemörtel läßt sich nur schwer entfernen. Gleiches gilt für die Kellen, ganz besonders die Zahnkellen zum Aufkämmen des auf dem Untergrund verteilten Klebers.

Je nachdem, welche Fliesen Sie verarbeiten, kommen Zahnkellen oder Zahnspachtel mit unterschiedlich großen Aussparungen zum Einsatz. Welche Zahnung Sie wählen, hängt von der Fliesengröße und der Profilstärke der Fliesenrückseite ab. Bei kleinen Mosaikfliesen brauchen Sie eine Zahnung von 3 mm Breite. Für Fliesenformate bis 10 cm wird meist eine 4-mm-Zahnung gewählt. Bei Kantenlängen zwischen 10 und 20 cm – was der Standardgröße entspricht – kommt die gängigste Zahnung von 6 mm Breite zum Einsatz.

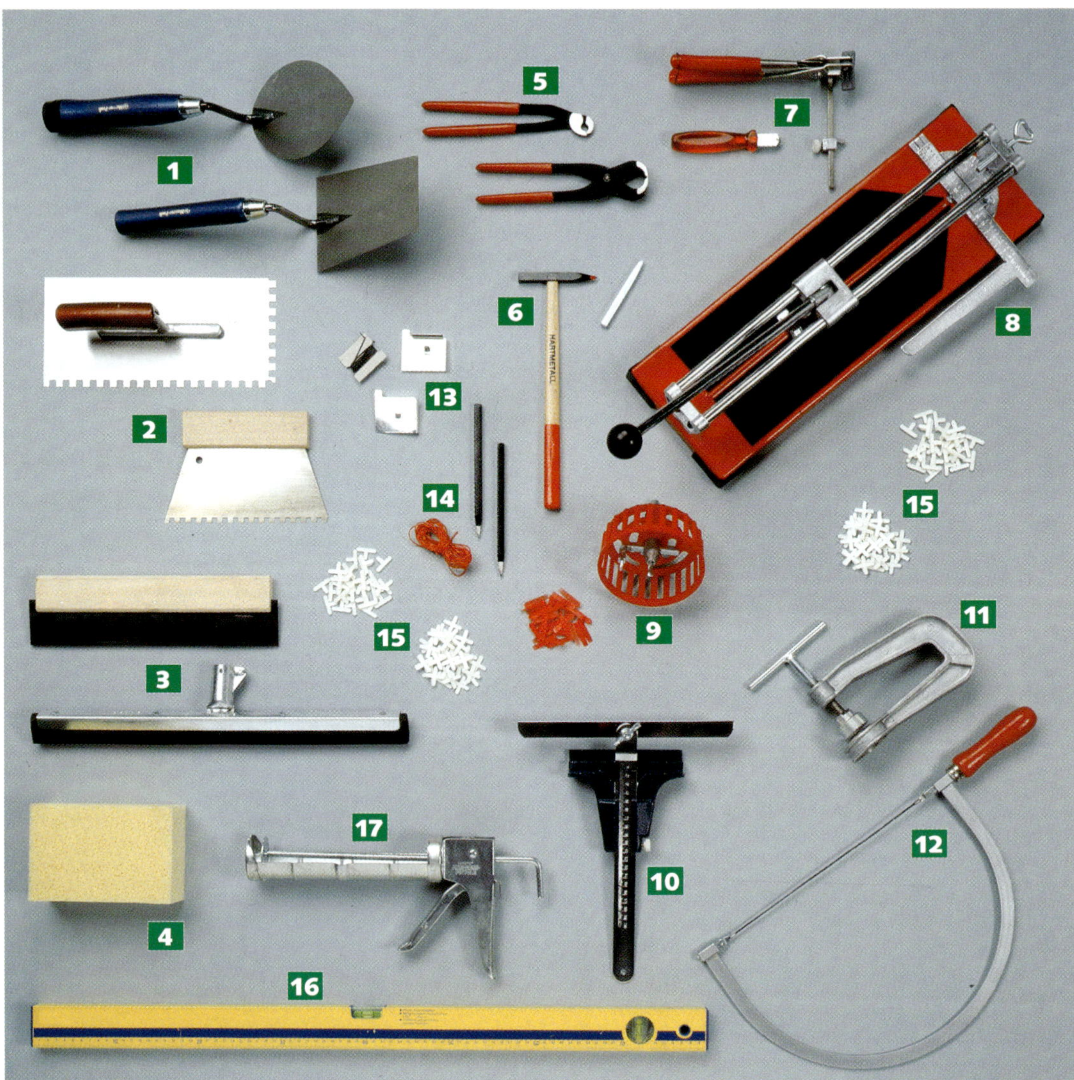

Das Poster links zeigt eine Auswahl der wichtigsten Werkzeuge fürs Fliesenlegen. Wie bei allen Arbeiten gilt auch hier: Erstklassige Ergebnisse lassen sich nur mit hochwertigen Werkzeugen erzielen. Insbesondere bei der Fliesenschneidemaschine sollten Sie auf gute Qualität achten. Wichtig ist, daß sich das Hartmetallrädchen, das ja die entscheidende Ritzarbeit leisten muß, bei Verschleißerscheinungen austauschen läßt.

1 Kellen zum Mischen und Verteilen des Klebemörtels
2 Zahnspachtel zum „Aufkämmen" des Klebers
3 Gummiwischer zum Einschlämmen des Fugenmörtels
4 Schwamm
5 Fliesenbrechzange
6 Spitzhammer und Meißel zum Behauen von Fliesen
7 Fliesenschneid- und Brechzange; einfacher Fliesenschneider
8 Fliesenschneidemaschine mit Anschlag und Brecheinrichtung
9 Kreisschneidevorsatz für die Bohrmaschine
10 Fliesenbehau-Apparat mit verstellbarem Winkelanschlag
11 Fliesenlochgerät
12 Fliesensägebogen
13 Fliesenleger-Ecken
14 Schnur mit Einschlagstiften
15 Fliesenleger-Kreuze
16 Wasserwaage
17 Kartuschenpistole

Wenn die Fliese ins Lochgerät eingespannt ist, schlagen Sie mit dem Fliesenhammer zunächst ein Loch in die Mitte des Rings. Diese Öffnung wird dann erweitert

Sind alte Beläge vor dem Neuverfliesen zu entfernen, leistet der Bohrhammer erstklassige Dienste. Einfach auf Drehstop schalten und mit dem Meißel loslegen

Der Elektroschaber leistet nach dem Abschlagen der alten Fliesen die Feinarbeit. Kleberreste werden sauber entfernt, so daß eine völlig ebene Fläche entsteht

Untergründe vorbereiten

Wände und Böden müssen vor dem Verlegen keramischer Fliesen gesäubert, geglättet und anschließend grundiert werden

Tiefengrund verbessert die Haftfähigkeit

Grundsätzlich müssen alle Untergründe mit Tiefengrund grundiert werden. Alte und mürbe Putze werden dadurch verfestigt. Neuen Putzen und Gipskartonbeplankungen verleiht die Grundierung gleichmäßiges Saugvermögen. Zu stark saugende Untergründe können nämlich die Haftung des Klebers beeinträchtigen. Bei Problemuntergründen sollten Sie durch Auftragen einer Haftemulsion für optimale Haftung des Klebers sorgen.

Betonfußböden spachteln und ausgleichen

Auch wenn ein Betonestrich auf den ersten Blick völlig eben aussieht, weist er häufig bei genauerer Überprüfung erstaunliche Niveauunterschiede auf. Wie eben der Boden ist, läßt sich mit bloßem Auge aber kaum beurteilen. Am besten legen Sie zur Kontrolle eine zwei Meter lange Alu-Schiene auf den Estrich. Auf einen Meter sollten die Niveautoleranzen nicht über 4 mm liegen. Entpuppt sich der Boden gar als regelrechte Berg-und-Tal-Bahn, sollten Sie ihn vor dem Verlegen eines Fliesenbelags mit selbstverlaufender Fließspachtelmasse egalisieren.

Grobe Verunreinigungen des Betonestrichs werden zunächst beseitigt. Reste von alten Fliesen-oder Teppichbodenklebern sorgfältig abstoßen. Sehr hilfreich bei dieser Arbeit ist der auf Seite 15 gezeigte Elektroschaber. Dann tragen Sie als Haftbrücke für den Ausgleichsbelag zunächst eine Grundierung auf. Oberflächliche Risse und Beschädigungen des Untergrunds bessern Sie anschließend mit kunststoffvergüteter Reparatur-Spachtelmasse aus.

Ist der aufgebrachte Reparaturspachtel durchgehärtet, rühren Sie den Fließspachtel an. Die relativ dünnflüssige Masse wird nach dem Anmischen einfach ausgeschüttet und dann mit der Glättkelle oder einer besonders breiten Estrichkelle gleichmäßig verteilt.

Untergründe aus Beton oder Betonestrich werden zunächst gründlich gereinigt und dann mit Bodengrundierung oder Haftemulsion gleichmäßig eingestrichen

Sind größere Fehlstellen gespachtelt, rühren Sie die selbstverlaufende Spachtelmasse klumpenfrei an und vergießen Sie dann streifenweise auf dem Boden

Mit der Kelle oder Traufel sollten Sie den Verlauf der Spachtelmasse unterstützen. Erst nach dem völligen Durchtrocknen können Sie die Bodenfliesen verkleben

Auch tragfähige Dielenböden sind als Untergrund für Fließspachtelbeschichtungen geeignet. Lose Bretter müssen Sie zuvor mit Spanplattenschrauben befestigen

Sind die Bretter gründlich gereinigt – vor allem von loser Farbe, Kleberresten etc. befreit – bereiten Sie den Untergrund durch Auftragen einer Haftemulsion vor

Breite Fugen und größere Fehlstellen werden nun mit Reparatur-Spachtelmasse geschlossen. Vor dem nächsten Arbeitsgang muß diese Spachtelung trocken sein

Die Fließspachtel-Masse genau nach Herstellerangabe mit Wasser vermischen und sorgfältig durchrühren. Zugabe von Boden-Elast verbessert die spätere Flexibilität

Streifenweise vergießen Sie die Masse auf dem vorbereiteten Dielenboden. Sind größere Unebenheiten auszugleichen, können Sie mit Quarzsand abmagern

Mit der Kelle wird der Verlauf der Spachtelmasse unterstützt. Soll eine weitere Schicht folgen, tragen Sie diese direkt nach Begehbarkeit der ersten Lage auf

Die maximale Schichtdicke von selbstverlaufenden Ausgleichsmassen liegt bei etwa 10 mm. Sind größere Toleranzen zu beseitigen, müssen Sie nacheinander zwei Schichten aufbringen. Dann die zweite Lage sofort nach Begehbarkeit ausgießen, damit sich eine besonders gute Verbindung herstellt.

Sie können die Ausgleichsmasse aber auch durch Zugabe von Quarzsand abmagern. Dazu gibt man 1 Teil Sand auf 2 Teile Spachtelmasse. Der zugegebene Quarzsand verhindert, daß sich bei größeren Schichtdicken Risse bilden. So werden maximale Einbauhöhen von 20 mm möglich. Allerdings verschlechtern sich durch das Abmagern auch die Fließeigenschaften der Ausgleichsmasse. Je mehr Sand die Mischung enthält, desto sorgfältiger müssen Sie das Material mit der Kelle verteilen.

Untergründe aus wasserfest verleimten Spanplatten lassen sich ausgezeichnet mit Fliesen belegen. Eine Beschichtung mit Haftemulsion sorgt für gute Verbindung

Fliesenbeläge auf Untergründen aus Holz

Sogar alte Dielenböden lassen sich (sofern sie ausreichend tragfähig sind) mit einer flexiblen Spachtelmasse beschichten, um anschließend Fliesen verlegen zu können. Lose Bretter werden zuvor sorgfältig mit den Lagerhölzern verschraubt. Abblätternde Farbe muß heruntergeschliffen werden. Verunreinigungen der Dielen wie Kleberreste und Wachse müssen Sie sorgfältig entfernen.

Anschließend tragen Sie mit einem breiten Flachpinsel Haftemulsion auf. Am nächsten Tag werden breite Fugen des Dielenbodens mit Reparatur-Spachtelmasse gefüllt. Ist die Spachtelmasse durchgehärtet, mischen Sie den Fließspachtel an. Der Hersteller Knauf bietet in seinem Produktsystem Boden-Elast als Zugabe an, um die Flexibilität der Ausgleichsschicht noch zu verbessern.

Ist die Ausgleichsmasse klumpenfrei durchgerührt, wird sie auf dem vorbereiteten Boden ausgegossen und anschließend mit der Kelle gleichmäßig verteilt. Sie müssen dann die völlige Durchtrocknung abwarten, ehe Sie mit dem Verlegen der Fliesen beginnen.

Nach der Vorbehandlung (Trockenzeiten beachten) ziehen Sie kunststoffvergüteten Kleber auf, der flexibel aushärtet und Schwingungen der Platten aufnimmt

Dünnbettverlegung

Nach diesem Verfahren kann jeder Heimwerker selbst Fliesen fachgerecht verlegen – und es sieht aus wie vom Profi gemacht

Völlig ebene Untergründe sind die Voraussetzung

Früher wurden Fliesen ausschließlich in einem etwa 15 mm dicken Mörtelbett angesetzt. Diese Methode hat einerseits den Vorteil, daß man Unebenheiten des Untergrunds direkt beim Kleben ausgleichen kann – andererseits erfordert das Ausrichten aber enormes Geschick. Der Heimwerker ist mit der Dickbett-Technik hoffnungslos überfordert.

Anders beim Dünnbettverfahren, das sich in den letzten Jahren auch im professionellen Bereich mehr und mehr durchgesetzt hat. Voraussetzung sind aber völlig ebene Untergründe. Am Boden ist diese Vorausetzung ohnehin durch sauber abgezogene Betonestriche in der Regel gegeben. Finden sich dennoch größere Unebenheiten, wird – wie im vorangegangenen Kapitel demonstriert – mit Fließspachtel ausgeglichen.

An den Wänden werden bei Massivbauweise die Steine mit einem glatten Gipsputz versehen oder bei Leichtbauweise mit Gipskartonplatten verkleidet. Letztere bieten sogar besonders glatte Flächen.

Wenn nun also keine Unebenheiten des Untergrunds durch den Fliesenkleber ausgeglichen werden müssen, gilt es nur noch, die Kleberschicht in gleichmäßiger Schichtstärke aufzubringen. Dies wird durch zwei Arbeitstechniken bewerkstelligt: das Aufziehen des Klebers mit einer Glättkelle und das anschließende Durchkämmen mit einer gezahnten Kelle. Beim Aufziehen müssen sie den pastös angemischten Kleber abschnittweise möglichst gleichmäßig auf dem Untergrund verteilen. Beim folgenden Durchkämmen erzeugen Sie durch die zuvor gewählte Zahnung der Kelle bzw. des Spachtels eine exakt gleichbleibende Schichtstärke – das heißt: eigentlich bleiben auf dem Untergrund dicht nebeneinanderliegende Kleberstege in definierter Höhe zurück. Wenn Sie den Kleber sorgfältig aufkämmen, befindet sich unter jeder Fliese exakt die gleiche Menge an Kleber. Beim Ansetzen drücken Sie die Fliese fest, wobei die Kleberstege komprimiert werden.

Auf die ebene und zuvor grundierte Wandfläche – hier Gipskartonplatten – ziehen Sie den Kleber mit einer Glättkelle in möglichst gleichmäßiger Schichtstärke auf

Beim anschließenden Aufkämmen der beschichteten Fläche erzeugen Sie Kleberstege von exakt gleichbleibender Höhe. Diese ist abhängig von der Zahntiefe

Die Fliesen werden ins frische Kleberbett gedrückt und anschließend ausgerichtet. Fliesenkreuze aus Kunststoff helfen Ihnen, gleichmäßige Abstände einzuhalten

Mindestens 60% der Fliesenunterseite sind bei der Wahl der richtigen Zahnungshöhe anschließend mit Fliesenkleber bedeckt. Sie können dies kontrollieren, indem Sie eine Fliese probeweise ins Kleberbett drücken und dann vorsichtig wieder abhebeln (siehe Grafik rechts oben).

Wie bereits im Kapitel über Werkzeuge erwähnt, richtet sich die Wahl der Zahntiefe nach der Kantenlänge der zu verlegenden Fliesen. Für Mosaikfliesen genügen 3 bis 4 mm. Für Standardfliesen zwischen 100 und 200 mm Kantenlänge wählt man meist eine 6-mm-Zahnung. Besitzen die Fliesen allerdings stark profilierte Rückseiten, muß der Kleberauftrag entsprechend ein wenig dicker sein. Wichtig: beim Andrücken darf die Fliese keinen direkten Kontakt mit dem Untergrund bekommen. Es darf nicht knirschen!

Wird der Kleber wie beschrieben direkt auf den Untergrund gebracht und die Fliese dann eingedrückt, spricht der Fachmann vom sogenannten Floating-Verfahren. Manchmal berei-

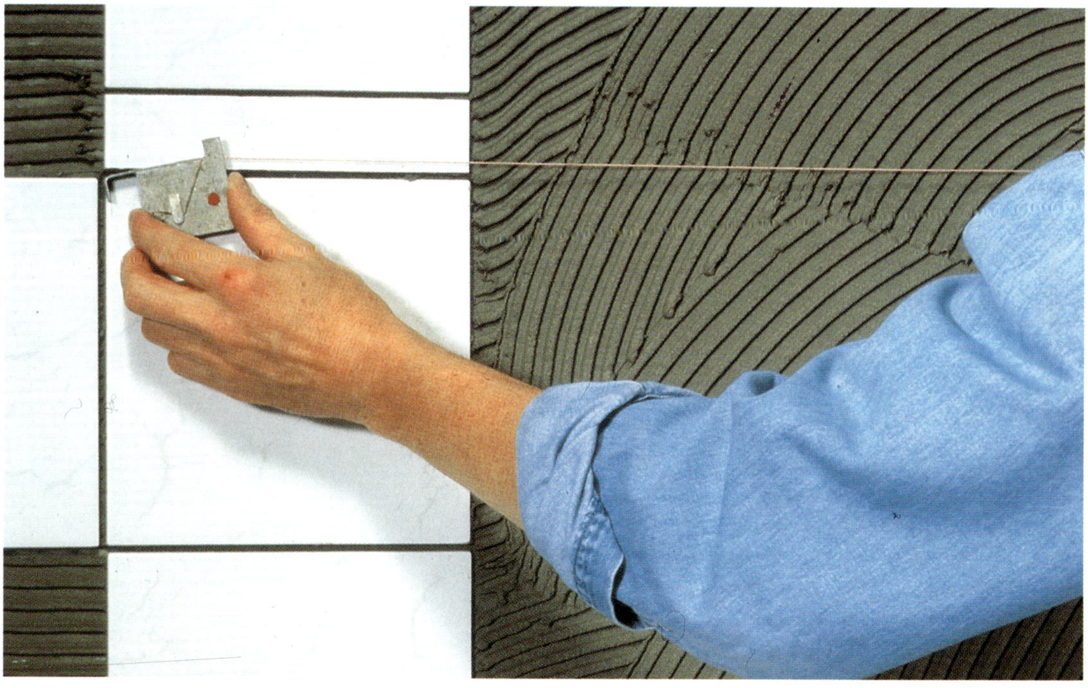

Für die waagerechte Ausrichtung brauchen Sie eine Schnur. Diese kann an zwei in den Putz geschlagenen Nägeln befestigt werden, oder Sie benutzen eine solche Eckenschnur, die man an je einer Randfliese befestigt

tet es allerdings Probleme, den Kleber im gewünschten Bereich gleichmäßig aufzuziehen und durchzukämmen: beispielsweise bei schmalen Sockelfliesen. Hier kehrt man das Verfahren dann ganz einfach um. Statt auf die Wand, geben Sie eine kleine Klebermenge direkt auf die Rückseite der Fliese. Der Fachausdruck für diese Technik lautet Buttering-Verfahren.

Spaltplatten mit stark profilierter Rückseite, Grobkeramik, Marmor oder Natursteine werden im kombinierten Verfahren (Buttering-Floating-Verfahren) verlegt. Der Effekt ist, daß Sie eine völlig hohlraumfreie Verklebung erzielen. Dies kann im Außenbereich und in Dauernaßbereichen von Vorteil sein, weil sich die Belastbarkeit der Verbindung zwischen Belag und Untergrund deutlich erhöht.

Wichtig ist beim Kleben im Dünnbettverfahren, daß Sie den Kleber immer abschnittweise aufziehen (für etwa sechs bis zehn Fliesen) und die Fliesen ansetzen, solange die Kleberstege noch frisch sind.

Durch probeweises Lösen einer Fliese kontrollieren Sie, ob die mit Kleber benetzte Kontaktfläche mindestens die geforderten 60% der Fliesenrückseite beträgt

Für das kombinierte Buttering-Floating-Verfahren (hohlraumfreie Verklebung) ziehen Sie zunächst Kleber auf den Untergrund und kämmen ihn durch. Dann beschichten Sie die Fliesenrückseite dünn mit Hilfe der Kelle

Fliesen bearbeiten

Bei jeder Verlegearbeit kommen Sie nicht umhin, Fliesen für Randbereiche und Anschlüsse zu trennen oder Löcher und Aussparungen herzustellen

Fliesen richtig anritzen und brechen

Wer keine speziellen Werkzeuge fürs Bearbeiten von Fliesen besitzt, kann sich auch mit einem Winkel und einem Glasschneider oder einem anderen hartmetallbestückten Ritzwerkzeug (zum Beispiel einer Widia-Reißnadel) behelfen. Sie legen den Metallwinkel an die markierte Ritzlinie an und ziehen dann das Werkzeug unter mäßigem Druck am Winkel entlang. Die Ritzlinie muß gleichmäßig von einer Fliesenkante zur anderen reichen.

Zum Brechen legen Sie die angeritzte Fliese über einen Bleistift oder auf die Kante einer Werkbank und brechen sie dann mit einem kurzen kräftigen Druck durch. Befindet sich die Ritzlinie im Randbereich der Fliese, brechen Sie den Abfallstreifen Stück für Stück mit einer Kneifzange ab.

Sobald Sie eine größere Menge von Fliesen zu bearbeiten haben, lohnt sich auf jeden Fall die Anschaffung von Spezialwerkzeug. Sehr hilfreich ist die auf unserem Poster Seite 14 abgebildete Fliesenbrechzange (Nr. 7). Sie besitzt an einer Backe außen eine Hartmetallschneide zum Ritzen. Nach dem Ritzen legen Sie die Fliesenkante mit der Ritzlinie nach oben zwischen die Backen der Zange und drücken einmal kräfig zu. Rechts und links von der Ritzlinie drückt die Zange dann auf die Fliese und bricht sie so sauber durch. Nach dem gleichen Prinzip arbeiten auch die Brechvorrichtungen an großen Fliesenschneidemaschinen.

Für umfangreiche Verlegearbeiten lohnt sich grundsätzlich die Anschaffung einer solchen Fliesenschneidemaschine. Dieses Werkzeug besitzt eine mit Gummi gepolsterte Auflagefläche und einen rechts wie links einsetzbaren Winkelanschlag, mit dessen Hilfe Sie die Breite des abzutrennnenden Streifens genau einstellen können. Einmal richtig justiert, schneiden Sie Fliesen für den Randbereich oder für einen Sockel in Serie – bei exakt gleichbleibenden Maßen. Für Diagonalschnitte entfernen Sie den Winkelanschlag und richten die Fliese individuell aus.

Gilt es, ein diagonal getrenntes Paßstück herzustellen, messen Sie die Fliese aus und markieren die gewünschte Ritzlinie durch einen kräftigen Bleistiftstrich

Nachdem die Fliese genau ausgerichtet ist, ritzen Sie die glasierte Oberfläche mit dem Hartmetallrädchen der Fliesenschneidemaschine unter mäßigem Druck an

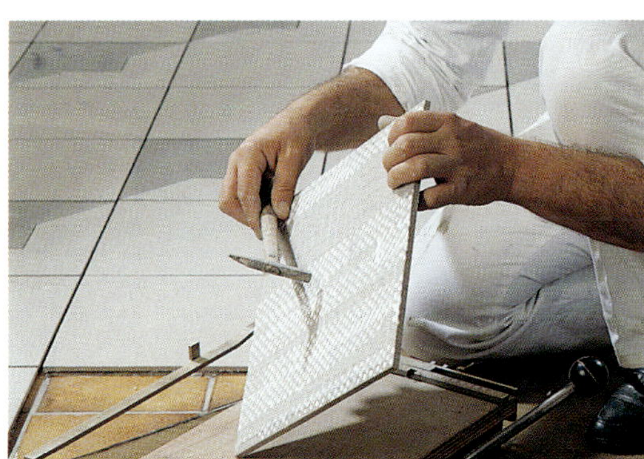

Steinzeugfliesen lassen sich häufig nicht mit der Brechvorrichtung der Maschine trennen. Dann schlagen Sie mit dem Fliesenhammer leicht auf die Plattenrückseite

Ein hartmetallbestückter Kreisschneider schafft Löcher für die Durchgänge von Armaturen sehr exakt. Arbeiten Sie mit dem Bohrständer, und fixieren Sie die Fliese

Liegt die Fliese auf der Fliesenschneidemaschine in der richtigen Position, ziehen Sie den Hebel, an dessen Unterseite sich das Hartmetallrädchen befindet zu sich heran, senken das Rädchen auf die Vorderkante der Fliese und schieben den Hebel dann unter mäßigem Druck von sich weg. So ritzen Sie die Glasur bis zur entgegengesetzten Kante. Nach dem Anritzen wird der Hebel leicht hochgehoben wieder in die Ausgangsposition gebracht. Verschiedene Geräte besitzen eine bewegliche Auflage hinter dem Hartmetallrädchen, die sich umklappen läßt und durch Herunterdrücken des Hebels die Fliese gleich sauber bricht.

Löcher und Aussparungen herstellen

Im günstigen Fall liegen Rohrdurchbrüche und ähnliche Hindernisse auf einer Fuge des Fliesenbelags. In diesem Fall müssen Sie im Randbereich einer oder auch mehrerer Flie-

Weichere Steingutfliesen können Sie leicht mit der Papageienzange bearbeiten. Zeichnen Sie den gewünschten Ausschnitt an und knabbern Sie das Material Stück für Stück mit kräftigem Druck ab

sen entsprechende Aussparungen herstellen. Sofern die Rohrdurchbrüche später durch Armaturen und deren Manschetten überdeckt werden, genügen mit dem Winkelschleifer hergestellte Ausschnitte. Bestücken Sie Ihren Winkelschleifer dazu mit einer Steinscheibe oder einer für Fliesen geeigneten Diamant-Trennscheibe. Die Fliese zum Bearbeiten am besten an der Werkbank fixieren. Benutzen Sie beim Trennen Handschuhe und Schutzbrille. Abfallstücke zwischen zwei mit Hilfe des Winkelschleifers hergestellten Parallelschnitten lassen sich mit der Zange herausbrechen. Kleinere Aussparungen werden komplett mit der Zange herausgebrochen.

Saubere Löcher in der Fläche einer Fliese stellen Sie mit Hilfe des Fliesenlochgeräts oder eines hartmetallbestückten Kreisschneiders bzw. einer Karat-Lochsäge (rechts) her. Sie können aber auch mit der Bohrmaschine und einem 6-mm-Karatbohrer einen Kranz kleiner Löcher herstellen und anschließend die Stege zwischen den Löchern mit einem feinen Fliesenmeißel wegstemmen.

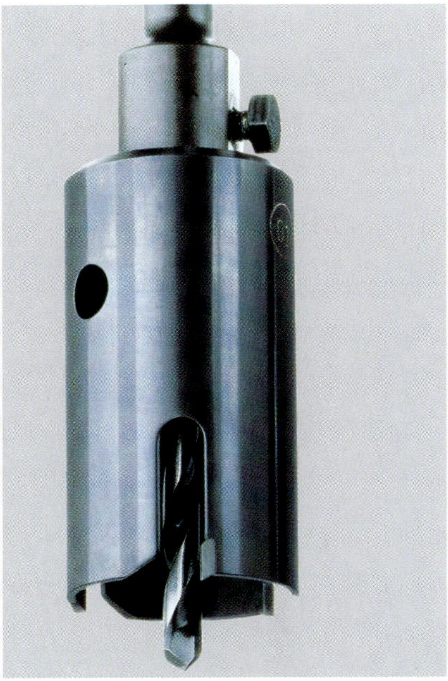

Auch mit einer Universal-Karatlochsäge von Bosch mit Sechskant-Aufnahmeschaft und separatem Zentrierbohrer können Sie präzise Löcher in Fliesen bohren

Hier wird ein Paßstück mit per Hand herausgebrochenen Aussparungen für eine Duscharmatur eingesetzt. Kleinere Unregelmäßigkeiten der Kanten werden später durch die Manschetten der Armatur verdeckt

Verfugen des Fliesenbelags

Wenn die verlegten Fliesen ausreichend fest bzw. begehbar sind, können Sie damit beginnen, den Fugenmörtel einzuarbeiten

Den Fugenmörtel richtig anmischen und verarbeiten

Den Fugenmörtel bekommen Sie wie den Fliesenkleber als fertige Trockenmischung, die nach Herstellerangabe mit Wasser angemischt wird. Es gibt unterschiedliche Verpackungsgrößen. Die Bezeichnungen der Standardprodukte sind Fugenweiß, Fugengrau und Fugenbunt. Weißzement stellt die Grundlage der Fugenmörtel dar. Sogenannter Fugenfüller ist nur für Fliesenfugen bis 4 mm geeignet. Bei breiteren Fugen würde dieses Material Risse bekommen.

Unter der Bezeichnung Fugenbreit bietet der Handel besonders vergütete Fugenmörtel an mit der Sie auch breitere Ritzen bis etwa 12 mm schließen können. Farbige Fugenfüller sollten Sie übrigens nur im Innenbereich anwenden, da sich durch Witterungseinflüsse ihr Ton verändern kann.

Bei Wandfliesen müssen Sie nach dem Verlegen etwa 24 Stunden warten, bis die Fugenmasse eingearbeitet werden kann. Damit sich ein gleichmäßiges Bild ergibt, sollten Sie Kleberreste in den Fugen vorher auskratzen – am besten schon während der Verlegearbeiten, ehe der Kleber hart geworden ist. Die Fugen werden dann gesäubert und mit dem Schwamm gründlich vorgenäßt.

Zum Anmischen brauchen Sie einen sauberen Baueimer. Mit dem Rührvorsatz in der Bohrmaschine mischen Sie den Fugenmörtel und das zugegebene Wasser gründlich durch. Es dürfen keine Klümpchen mehr zu sehen sein. Mit einem Fugengummi oder einem Fugbrett bringen Sie den Fugenmörtel dann in kleinen Portionen auf die Wand und arbeiten ihn mit diagonalen Bewegungen kreuz und quer in die Fugen ein.

Alle Hohlräume müssen gut gefüllt werden. In den Raumecken ist besondere Sorgfalt erforderlich. Überschüssiges Material wird zuletzt diagonal zu den Fliesen abgenommen. Sobald der Fugenmörtel auf dem Belag matt antrocknet und in den Fugen steif wird, beginnen Sie mit dem Reinigen.

Sobald die Wandfliesen fest sitzen (nach etwa 24 Stunden), beginnen Sie mit dem Verfugen. Die Masse dabei mit Fuggummi oder Fugbrett diagonal einarbeiten

Überschüssiger Fugenmörtel wird mit dem Gummi abgenommen. Warten Sie, bis der Mörtel matt antrocknet, und reinigen sie dann mit Schwamm und Wasser

Ist der Fugenmörtel ganz durchgetrocknet, geht es an die Endreinigung. Mit einem weichen Tuch entfernen Sie den Zementschleier und polieren die Oberfläche

Nach Herstellerangabe wird der Fugenmörtel klumpenfrei durchgemischt. Benutzen Sie dazu am besten Bohrmaschine und Rührquirl. Dann geht's ans Verteilen

Die Fugen müssen gleichmäßig tief sein (bei Bedarf vorher auskratzen). Schütten Sie die zähflüssige Masse in mehreren Portionen auf dem sauberen Boden aus

Der breite Gummiwischer erleichtert das Verteilen. Im Bereich von Innenecken sollten Sie zusätzlich mit einem kleinen Fuggummi per Hand nacharbeiten

Mit einem großen Schwamm, der immer wieder in reichlich Wasser ausgespült werden muß, nehmen Sie die Mörtelreste von der Fliesenoberfläche ab. Dabei dürfen Sie den Schwamm nur mit leichtem Druck führen – schließlich soll der Mörtel ja nicht aus den Fugen herausgewaschen werden.

Anfänger machen häufig den Fehler, daß sie zu große Flächen in einem Arbeitsgang verfugen wollen. Sie schaffen es dann nicht, die Fläche zu reinigen, ehe der Fugenmörtel hart wird. In diesem Fall wird es ausgesprochen mühevoll, die Fläche sauber zu bekommen, da die Masse auch auf der glasierten Oberfläche sehr gut haftet. Teilen Sie große Flächen daher besser in mehrere Abschnitte ein, die Sie nacheinander verfugen.

Nach völliger Trocknung des Fugenmörtels werden die Flächen mit einem weichen Lappen nachgereinigt und poliert. Bleiben hartnäckige Zementschleier zurück, besorgen Sie sich einen speziellen Zementschleier-Entferner, mit dem Sie den Fliesenbelag säubern.

Wenn Sie farbigen Fugenfüller verarbeiten, müssen Sie darauf achten, daß Sie in in einer zusammenhängenden Fläche stets in der gleichen Konsistenz verarbeiten. Unterschiedliche Mischungen können nämlich unterschiedliche Färbungen aufweisen.

Bei Bodenfliesen müssen Sie zwei bis drei Tage warten, ehe Sie mit dem Verfugen beginnen können. Auch hier gilt: Die Fugen müssen sauber, staubfrei und gleichmäßig tief sein. Bei Bedarf mit einem Holzkeil auskratzen. Stark saugende Fliesenbeläge werden nach der Reinigung vorgenäßt, damit der Fugenmörtel nicht zu schnell antrocknet.

Die nach Herstellerangabe klumpenfrei angemischte Masse gießen Sie in größeren Portionen aus und verteilen Sie dann diagonal zum Fugenverlauf. Ein Gummiwischer erleichtert Ihnen diese Arbeit. Sind alle Fugen gleichmäßig gefüllt – besonders auf die Raumecken achten – nehmen Sie überschüssiges Material vorsichtig mit dem Wischer ab. Sobald die Fläche matt anzutrocknen beginnt, reinigen den Belag wieder mit dem Schwamm.

Anschlußfugen und Übergänge

Überall dort, wo unterschiedliche Bauteile und Baustoffe miteinander verbunden werden, müssen Sie dauerelastische Übergänge schaffen

Anschlußfugen dauer-elastisch mit Silikon dichten

Bei Temperaturschwankungen und mechanischen Bewegungen treten im Bereich von Anschluß- und Dehnungsfugen Materialspannungen auf. Die Stoffe dehnen sich aus und ziehen sich wieder zusammen. Stein verhält sich anders als Holz, Kunststoff oder Metall. Sanitärobjekte wie Badewannen, Duschtassen und Waschbecken sind durch den Kontakt mit heißem Wasser besonderen Temperaturschwankungen unterworfen.

Früher wurden alle Fugen im Bereich von gefliesten Flächen mit normalem Fugenmörtel geschlossen. Das Ergebnis sehen Sie in manchem betagten Badezimmer: Rund um die Wanne, aber auch in Duschen und Raumecken sind die Fugen gerissen. Beim Benutzen der Sanitärobjekte und beim Reinigen der gefliesten Flächen dringt immer wieder Wasser in diese Ritzen ein und durchfeuchtet so die dahinterliegenden Baustoffe. Massive Bauschäden können mit der Zeit die Folge sein. Im harmlosesten Fall sammelt sich in den Ritzen Schmutz, und die Feuchtigkeit läßt Schimmelpilze gedeihen.

Seit es Sanitärsilikon zum dauerelastischen Abdichten solcher Fugen gibt, müssen die beschriebenen Probleme nicht mehr sein. Am besten eignen sich für den Badbereich essigsauer vernetzende Sanitärsilikone (siehe auch Seite 11), die in praktischen Kartuschen angeboten werden. Sie bekommen das Dichtmittel praktisch in allen gängigen Sanitärfarben. Neben den üblichen Kunststoffkartuschen gibt es mittlerweile auch eine deutlich umweltfreundlichere Verpackung: den sogenannten Schlauchbeutel. Er wird in eine spezielle Spritzpistole eingelegt oder in eine Mehrwegkartusche gesteckt, die wiederum mit jeder normalen Kartuschenpistole verarbeitet werden kann.

Fugen, die Sie dauerelastisch mit Sanitärsilikon ausspritzen wollen, müssen zunächst gründlich von Mörtelresten gereinigt werden. Am besten mit einem Holzkeil auf gleichmäßige Tiefe auskratzen und dann die losen

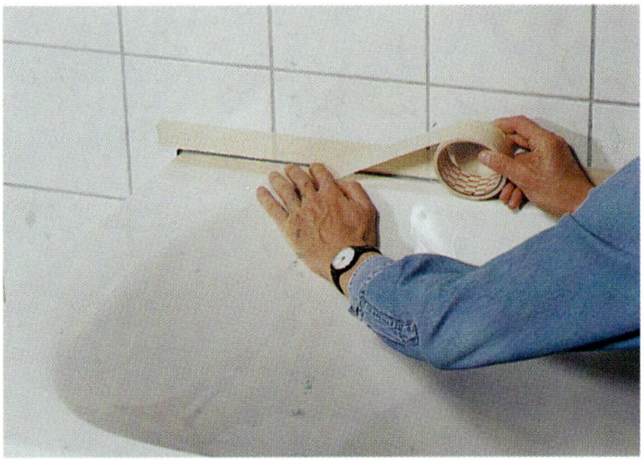

Um eine Anschlußfuge sauber mit Silikon ausspritzen zu können, kleben Sie die Fuge – hier zwischen Wanne und Wandfliesen – beidseitig mit Kreppband ab

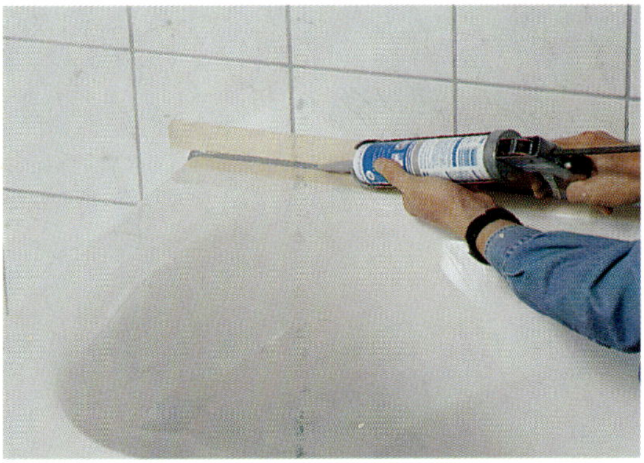

Die Tülle der Silikonkartusche wird entsprechend der gewünschten Fugenbreite schräg abgeschnitten. Unter gleichmäßigem Vorschub füllen Sie dann die Fuge aus

Anschließend wird die noch frische Fugenmasse mit einem Wasser-Spülmittel-Gemisch sorgfältig glattgestrichen. Dann das Klebeband zur Fuge hin abziehen

Eine saubere Lösung: Für die Fuge zwischen Wand und Boden wurde ein Profil eingelegt, an dessen Dichtlippe man die Fliesen der beiden Flächen heranschiebt

Partikel mit dem Staubsauger entfernen. Wichtig für die Dauerhaftigkeit der Abdichtung ist, daß die Fuge nicht zu schmal ist. Die Bewegungsfreiheit des elastischen Dichtstoffes ist um so höher, je weiter die Haftflächen auseinanderliegen. In der Praxis bedeutet das: Wenn zwischen Bauteilen größere Bewegungen zu erwarten sind, sollten Sie möglichst breite Fugen vorsehen.

Um seine Aufgabe als elastische Fugenabdichtung erfüllen zu können, darf das Silikon auch nicht am Fugengrund haften. Es entstehen dann Kerbrisse, die zum vollständigen Bruch der Abdichtung führen können. Tiefere Fugen sollten Sie daher vor dem Ausspritzen mit einem Rundprofil aus speziellem PE-Material füllen. Sie brauchen dann weniger Silikon, und die Dichtung wird elastischer.

Haben Sie die Fuge entsprechend vorbereitet, kleben Sie die Ränder mit Kreppband ab und drücken die Silikonwurst bei gleichmäßigem Vorschub ein. Je nach Fugenbreite wird die Spritztülle der Kartusche zuvor schräg ange-

Die Spezialprofile für Wannen- und Duschenränder sowie Innen- und Außenecken lassen sich problemlos mit Säge und Gehrungslade ablängen bzw. schräg zuschneiden. Ihre Gitterstruktur wird in den frischen Kleber gedrückt

schnitten. Zum Schluß glätten Sie die Fuge mit Spülwasserlösung. Statt die Oberfläche mit dem Finger glattzustreichen, können Sie auch eine kleine Kunststoffkelle verwenden, die in Baumärkten speziell für diesen Zweck angeboten wird. Das Klebeband nach dem Glätten sofort zur Fuge hin abziehen. Um Silikonreste in der Kartusche haltbar zu machen, sollten Sie das angebrochene Gebinde nach Gebrauch möglichst dicht in Plastikfolie einpacken.

Elastische Anschlußprofile statt Silikon

Weil Silikonfugen altern und irgendwann unansehnlich oder gar undicht werden, hat man als Alternative wartungsfreie Anschlußprofile entwickelt, die man rund um Wannen und Duschtassen ins frische Fliesenkleberbett drückt, bevor die Randfliesen angesetzt werden (siehe S. 60). Für Innenecken im Wand- und Bodenbereich gibt es entsprechende Profile mit einer Dichtlippe (Bild links).

Mit einigen Klebepunkten aus Sanitärsilikon fixieren Sie die Kante des Eckenprofils auf dem Untergrund. Die Gitterlochung läßt den Kleber anschließend eindringen

Hier eine Stufe, die mit Profilschienen für Innen- und Außenecken versehen wurde. Wo verschiedene Bauteile aneinanderstoßen, bleibt es dauerhaft dicht, und das Verlegebild der Fliesen wirkt besonders sauber

Bei der Kombination Fliesenbelag/Fertigparkett ergibt sich durch ähnliche Materialdicken eine einheitliche Belagshöhe. Hier reicht eine einfache Abschlußschiene

Zwischen Holzbelag und Abschlußschiene muß man eine 5 mm breite Dehnungsfuge belassen (Abstandhalter verwenden), die mit Silikon ausgespritzt wird

Auch für die Kombination von Fliesenbelag und Teppichboden gibt es spezielle Schienen, mit denen Sie unterschiedliche Belagshöhen ausgleichen können

Saubere Außenecken aus Kunststoff

Außenecken können beim Fliesenlegen Probleme bereiten. Für viele hochwertige Fliesenserien werden sogenannte Jollies angeboten – das sind Fliesen mit schräger Kante, die an der Außenecke sichtbar sein darf. Gibt es keine Jollies kann man die zur Außenecke weisenden Kanten der Fliesen mit dem Winkelschleifer und einer Steinscheibe vorsichtig auf Gehrung abschrägen. Die Fuge zwischen den Fliesen bildet dann die Außenecke. Diese Lösung ist aufwendig und gelingt nicht immer zufriedenstellend. Daher behilft man sich oft, indem man die unglasierte Kante an der Außenecke sichtbar läßt und mit spezieller Fliesenfarbe abdeckt.

Wesentlich eleganter sind jedoch spezielle Eckprofile, die vor dem Ansetzen der Fliesen ins Kleberbett gedrückt werden und eine sanft gerundete Außenecke aus Kunststoff präsentieren. Diese Profile bekommen Sie in verschiedenen Farben, passend zu allen gängigen Fliesendekoren. Die Verarbeitung ist denkbar einfach. Mit der Metallsäge längen Sie das Eckprofil ab (siehe S. 34).

Übergänge zu anderen Bodenbelägen

Die Kombination unterschiedlicher Bodenbeläge eröffnet interessante gestalterische Perspektiven. Häufig geht es auch nur darum, mit Fliesen belegte Funktionsbereiche wie Diele und Küche sauber vom angrenzenden Teppichboden oder Parkett zu trennen. Problematisch bei der Belagskombination sind natürlich die Anschlüsse. Die Fotos links zeigen, wie Sie den Übergang von Fliesenbelag auf Holzboden bzw. auf Teppichboden mit Spezialschienen fachgerecht gestalten. Diese Profile gibt es in verschiedenen Farben und Höhen. Auch sie werden vor dem Verlegen der Fliesen ins frische Kleberbett gedrückt. Sind Höhenunterschiede zwischen den verschiedenen Bodenbelägen auszugleichen, wählen Sie ein abgeschrägtes Profil.

Verlegepläne und -muster

Damit selbst geflieste Wände und Böden sich optimal präsentieren, müssen Sie beim Einteilen der Flächen auf ein symmetrisches Bild achten

Die Raumwirkung von Fliesenformen und -größen

Größe, Form und Anordnung der Fliesen haben entscheidenden Einfluß auf die Raumwirkung. Große Flächen sollten Sie in hellen Tönen fliesen. Kräftige Farben sind eher für kleine Flächen und zur Dekoration geeignet – beispielsweise für umlaufende Kanten und Bordüren. Dunkle Fliesen lassen die Räume kleiner erscheinen, helle dagegen machen sie licht und weit.

Die durch das Fugenbild erzeugte Feinrasterung der Flächen läßt kleine Räume wie Bad oder Gäste-WC optisch noch kleiner erscheinen. Diesen Eindruck können Sie deutlich mildern, indem Sie einen nur 1,5 oder 2 m hohen Fliesenspiegel vorsehen.

Fliesenraster und Sanitärinstallationen

Symmetrie heißt beim Verlegen von Fliesen im Sanitärbereich das Zauberwort. Ein perfektes Bild erzielen Sie, wenn die Sanitäranschlüsse und die Höhen der Sanitärobjekte beim Anreißen des Verlegerasters berücksichtigt werden. Wenn es ans Fliesenlegen geht, sind die betreffenden Anschlüsse in der Regel ja bereits vorhanden.

Waschbecken, WC und Bidet werden mit ihrer Mittelachse nach Möglichkeit auf eine Fliesenfuge oder auf die Plattenmitte gesetzt. Ist dies bei mehreren nebeneinander plazierten Objekten nicht durchgängig möglich, setzen Sie zumindest das dominanteste Sanitärobjekt – meist das in der Wandmitte befindliche Waschbecken – symmetrisch ins Fliesenraster. Die Rohranschlüsse liegen idealerweise im Fugenkreuz, in der Mitte einer Fliese oder auf der Hälfte der Fugenlänge. Bei den am häufigsten verwendeten Fliesen des Formats 150 x 150 mm ergibt sich bei 3 mm Fugenbreite eine Entfernung der beiden Mittelpunkte von 153 mm. Das Stichmaß (Mittenabstand) der Mischbatterien von Duschen und Wannen ist darauf abgestimmt.

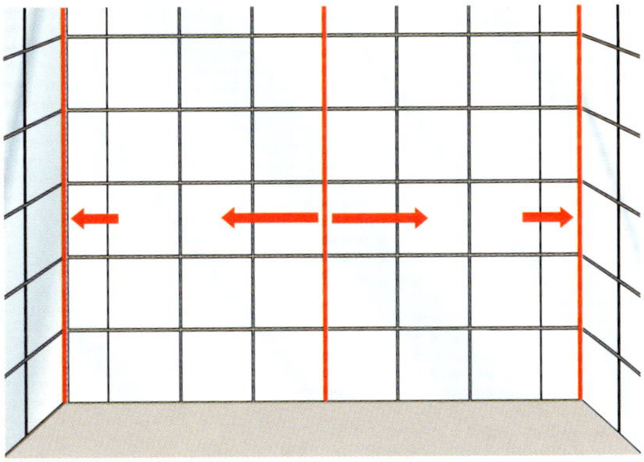

Bei rechtwinkligen Wänden markieren Sie die Mitte mit einem Senklot. Die Fliesen daran ausrichten. Randfliesen sollen mindestens halbe Fliesenbreite haben

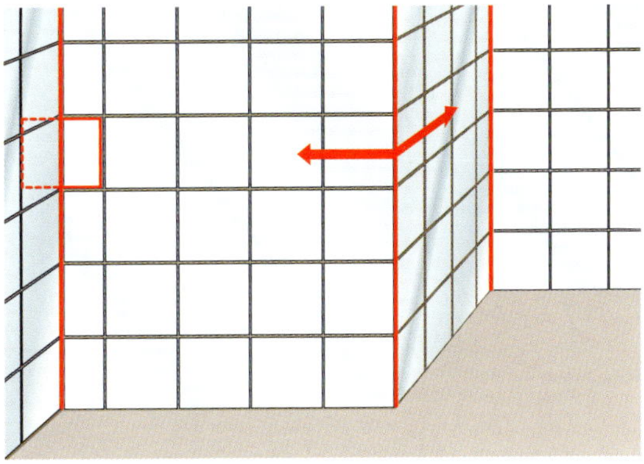

Alle Außenkanten werden grundsätzlich mit ganzen Fliesen belegt. Arbeiten Sie von der Außenecke zur Innenecke, wo dann die angeschnittenen Fliesen liegen

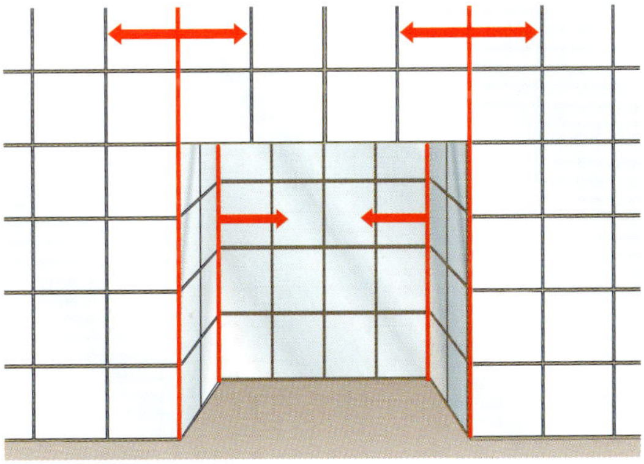

Bei Nischen und Vorsprüngen beginnen Sie entweder – wie gezeigt – außen mit ganzen Fliesen, oder Sie legen die Anschnittreihen rechts und links an den Rand

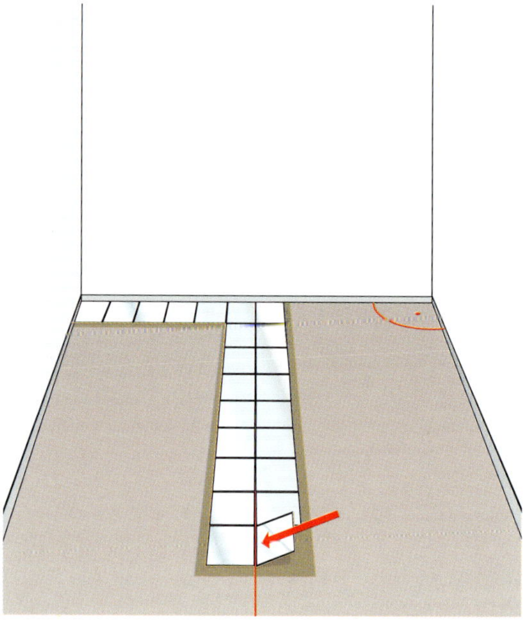

Bodenfliesen richten Sie in rechtwinkligen Räumen an einer mittig und parallel zu den Seitenwänden gespannten Schnur aus. Dann zur Stirnwand übergehen

Verlegepläne für Wände und Böden

Wenn Sie vor Beginn der Installationsarbeiten bereits wissen, welche Fliesenformate zum Einsatz kommen sollen, können Sie die Sanitäranschlüsse entsprechend plazieren lassen. Zunächst müssen Sie sich dabei an der Raumgröße orientieren. Bei rechtwinkligen Wänden wird eine Fuge oder eine Fliesenmitte genau auf die Mitte der Wand gelegt (erste Grafik S. 39). Die Randfliesen rechts und links sollten mindestens eine halbe Fliesenbreite aufweisen.

Die genauen Abstände der Sanitärobjekte ergeben sich dann aus der jeweiligen Fliesengröße. Beim Format 150 x 150 mm mit einer 3-mm-Fuge rechnen Sie also mit einem Rasterabstand von 153, 306, 459, 612 mm und so weiter. Die Achsabstände der Sanitärobjekte an der Wand richten Sie dann ganz einfach an diesem Raster aus, und der Installateur legt die Rohre entsprechend.

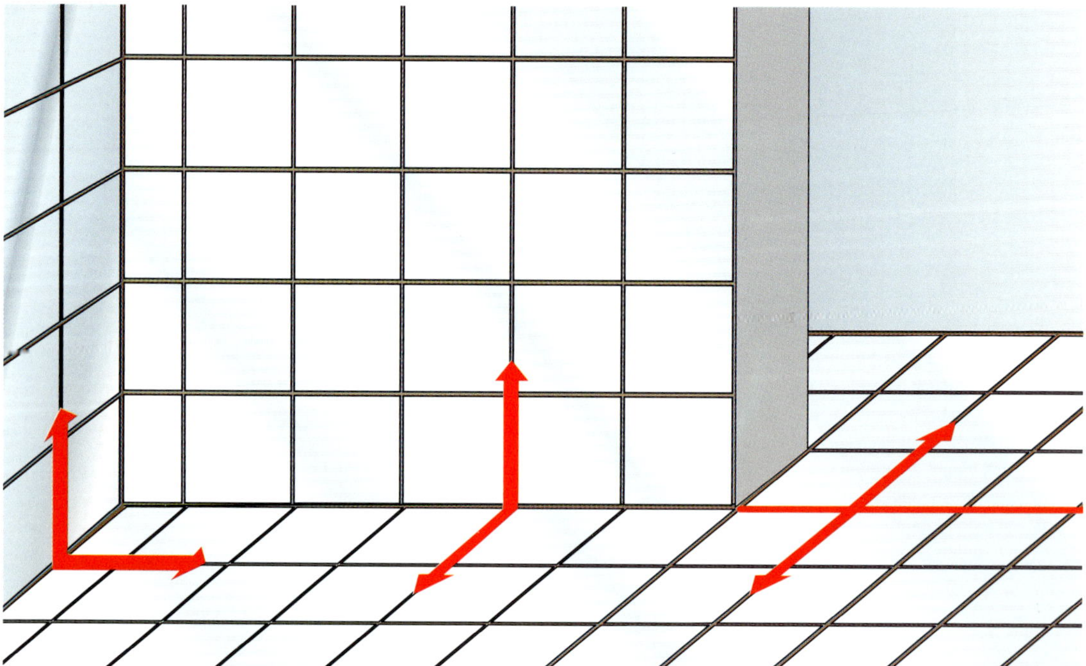

Haben Wand- und Bodenfliesen das gleiche Format, richten Sie den Fugenverlauf der Bodenfliesen an den Wandfliesen aus. Geht der Fliesenbelag in andere Räume weiter, achten Sie auch dort auf durchgehenden Fugenverlauf

Bei Mauerkanten und Pfeilern werden nach Möglichkeit immer ganze Fliesen auf die Außenkanten gesetzt. Die geteilten Fliesen kommen dann in die deutlich weniger auffällige Innenecke.

Bei Nischen und Vorsprüngen beginnen Sie entweder außen mit ganzen Fliesen und legen die Anschnittreihe in die Mitte, oder Sie fliesen von innen nach außen, wobei dann die Randfliesen zugeschnitten werden müssen.

Für die Verlegung von Bodenfliesen spannen Sie in rechtwinkligen Räumen mittig und parallel zu den Seitenwänden eine Richtschnur. Die erste Fliesenreihe wird daran ausgerichtet. Beginnen Sie die Verlegung mit einer Längsfuge oder der Fliesenmitte entlang der Richtschnur. Im rechten Winkel zu dieser Reihe wird dann eine zweite Reihe entlang der Stirnwand gelegt.

Wo Boden und Wände gefliest werden, müssen Sie den Fugenverlauf der Flächen aufeinander abstimmen. Haben die Fliesen an Bo-

Bei der Diagonalverlegung von Bodenfliesen sollten Sie außen stets mit einer halben Fliese abschließen. Den verbleibenden Rand mit schmalen Paßstreifen belegen

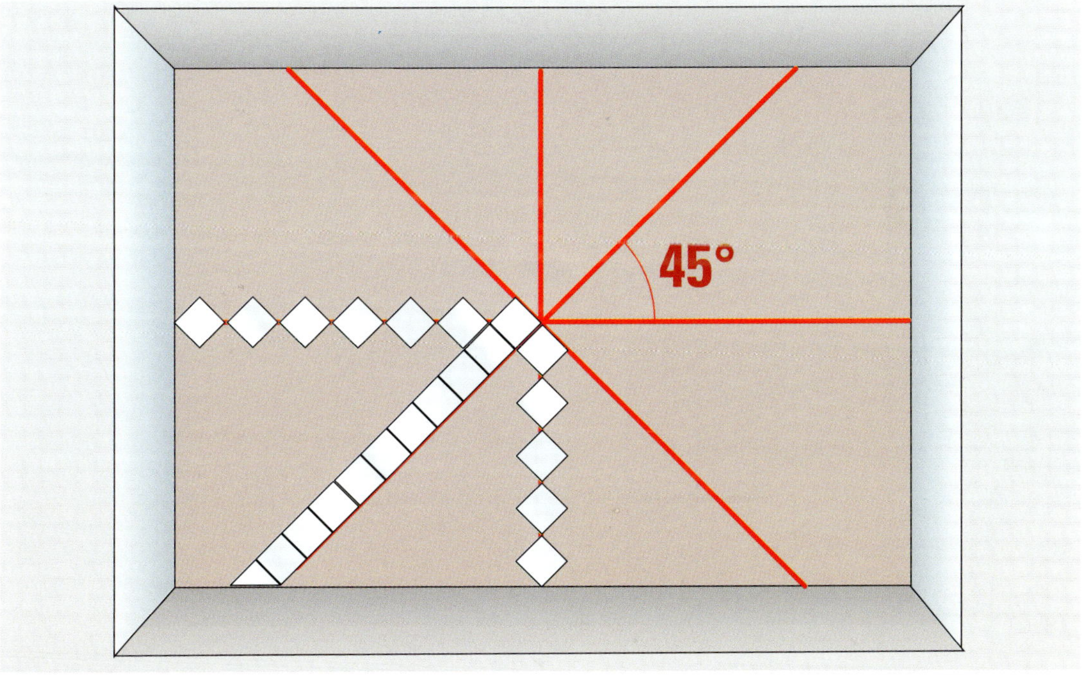

Als Hilfslinien für die Diagonalverlegung markieren Sie zunächst die Längs- und die Querachse. Anschließend ziehen Sie im Winkel von 45° dazu die beiden Diagonalen durch den Raum. Die Platten dann wie gezeigt ausrichten

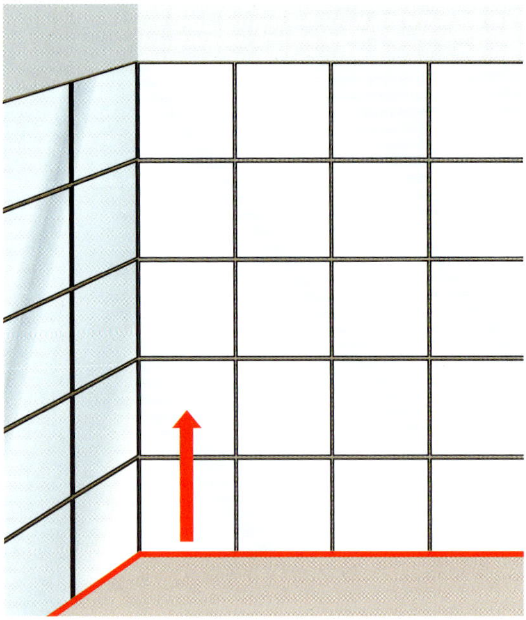

Wenn die Höhe eines Fliesenspiegels beliebig gewählt werden kann, wird man aus optischen Gründen unten immer mit einer ganzen Fliesenreihe beginnen

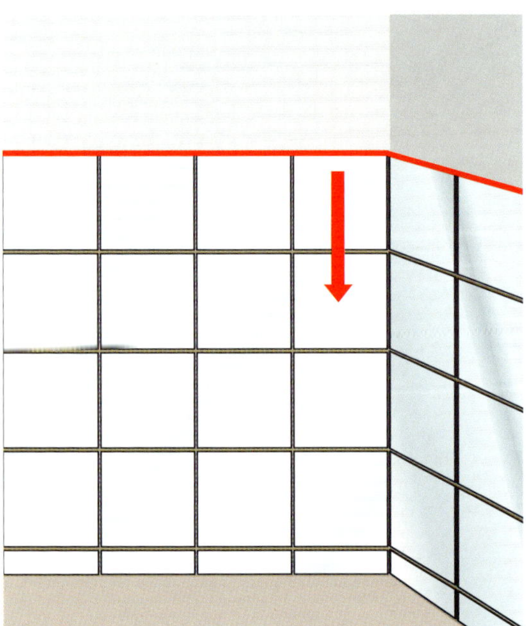

Muß sich der Fliesenspiegel an einer festgelegten Höhenlinie orientieren, beispielsweise an der Türhöhe, müssen Sie die untere Fliesenreihe anschneiden

den und Wand die gleiche Größe, richten Sie den Fugenverlauf am Boden nach den Wandfugen aus. Bei angrenzenden Räumen auf durchgehenden Fugenverlauf achten.

Besonders attraktiv wirken diagonal verlegte Bodenfliesen. Sie müssen dazu die Längs- und die Querachse des Raumes ermitteln und dazwischen Linien im 45°-Winkel markieren. An den Diagonalen werden dann die Fliesen gerade ausgerichtet, während sie auf Längs- und Querachse diagonal liegen müssen. Im Randbereich schließt man die Fläche durch halbierte Fliesen und legt, je nachdem wie weit man an die Wand herangekommen ist, noch einen umlaufenden Randstreifen.

Materialberechnung und Einkauf

Zeichnen Sie sich am besten einen maßstabsgetreuen Grundriß der zu verfliesenden Räume und Flächen auf Millimeterpapier. Entsprechend der Fliesengröße und der vorgesehenen Fugenbreite können Sie dann die Anzahl der benötigten Fliesen ganz genau berechnen. Für den Verschnitt sollten Sie zur Quadratmetermenge dann noch etwa 5% hinzurechnen (bei Diagonalverlegung sogar 10%). Außerdem sollten Sie weitere 5% der Gesamtmenge als Reserve für Reparaturarbeiten zur Seite legen.

Messen und Anzeichnen der Verlegelinien

An erster Stelle brauchen Sie einen Zollstock, dann Maurerschnur, eine Wasserwaage und einen langen Richtscheit. Höhengleiche Punkte im Raum können Sie mit Hilfe einer Schlauchwaage in den Raumecken anreißen. Der sogenannte Meterriß – höhengleiche Punkte 1 m über der Oberkante des fertigen Fußbodens – ist der Anhaltspunkt für waagerecht gespannte Schnüre. Auch mit einem Laser-Nivelliergerät (großes Bild) können Sie Meterrisse anlegen und gerade Fluchten über größere Distanzen markieren.

Durch ausgefallene Verlegemuster, aber auch durch ausgefallene Fliesenformate (hier mit Ausklinkungen) können Sie besonders attraktive Verlegebilder erzielen

Große und kleine quadratische Fliesen in der Kombination. Für die Seiten müssen Sie bei diesem Verlegemuster einen umlaufenden Randstreifen zuschneiden

Der Bau-Laser von Bosch hilft Ihnen, rundum einen Meterriß anzuzeichnen. Außerdem können Sie mit diesem Gerät Lotpunkte übertragen, Bodenunebenheiten erkennen sowie rechte Winkel und lange Fluchten markieren

Verlegekurs Wand und Boden

Nachdem Ihnen in den vorangegangenen Kapiteln das Basiswissen vermittelt wurde, geht es nun um die praktische Ausführung

Wände verfliesen – Schritt für Schritt zum Erfolg

Wenn Sie – wie im Kapitel zuvor beschrieben – einen Verlegeplan gemacht, Fliesen eingekauft und auch den geeigneten Kleber besorgt haben, können Sie ans Werk gehen. Im auf unseren Fotos rechts gezeigten Fall, wurden die Wände des Badezimmers mit Gipskartonplatten beplankt und gespachtelt. Dieser Untergrund muß, wie auch ein Gipsputz auf massiv gebauten Wänden, zunächst mit Tiefengrund behandelt werden. Achten Sie dabei auf die Trocknungszeit von mindestens drei Stunden.

Nun wird der Verlauf der oberen Reihe (bei Anlegen eines Fliesenspiegels) bzw. einer im mittleren Bereich liegenden Reihe (bei raumhoher Verlegung) angezeichnet. Grundsätzlich können Sie von unten nach oben, aber auch umgekehrt arbeiten. Für Anfänger kann es hilfreich sein, unten eine gerade Leiste auf die Wand zu nageln, auf der Sie dann die zweite waagerechte Reihe ausrichten und sich anschließend weiter nach oben arbeiten.

Ziehen Sie immer nur so viel Kleber auf, wie Sie in der offenen Zeit mit Fliesen belegen können. Diese beträgt je nach Kleberart und Temperatur meist 10 bis 15 Minuten. Sobald sich auf den Kleberstegen eine Haut zu bilden beginnt, haften die Fliesen nicht mehr optimal. In welcher Richtung Sie den Kleber mit der Zahnkelle durchkämmen ist gleich. Wichtig ist nur, daß auf der gesamten Fläche gleichmäßig volle Kleberstege zu sehen sind.

Besonders leicht lassen sich die waagerechten Fliesenreihen an einer Schnur ausrichten, die mit zwei Metallecken an den zuvor angesetzten äußeren Fliesen rechts und links befestigt wird (siehe S. 46 unten). Die Fliesen stets mit einer Kante ansetzen, dann ganz ins Kleberbett drücken und gleichzeit die Oberkante an der Schnur ausrichten. Ein probates Hilfsmittel zum Einhalten gleicher Abstände sind Fliesenkreuze aus Kunststoff, die genau der vorgesehenen Fugenbreite entsprechen. Während der offenen Zeit können Sie immer wieder nachkorrigieren.

Ein typischer Fall für den Heimwerker: Das Verfliesen eines Badezimmers, dessen Wände in Trockenbauweise hergestellt und mit Gipskarton beplankt wurden

Grundsätzlich müssen alle Untergründe mit Tiefengrund behandelt werden. Tragen Sie die Flüssigkeit mit einem breiten Pinsel oder einer Deckenbürste auf

Mit Hilfe von Bleistift, einer langen Richtlatte und der Wasserwaage ziehen Sie eine Linie, an der Sie die erste Fliesenreihe des Wandbelags exakt ausrichten können

Entlang der Markierung oder einer Richtschnur ziehen Sie den Kleber auf, kämmen ihn gründlich durch und drücken dann die Fliesen eine nach der anderen an

Überall dort, wo Fliesen mit Löchern oder Aussparungen versehen werden müssen, lassen Sie zunächst die entsprechenden Felder frei. Den Kleber nach dem Verlegen der ganzen Fliesen in diesem Bereich mit einem Spachtel wieder abnehmen. Dann können Sie die Paßstücke zum Schluß in aller Ruhe herstellen und einzeln verkleben.

Falls Sie mit einer Hilfsleiste von unten nach oben gearbeitet haben, wird diese nach Fertigstellung der Fläche abgenommen, um die fehlende erste Reihe nachzukleben. Weil Sie den Kleber auf einem derart schmalen Streifen schlecht verteilen und durchkämmen können, sollten Sie hier mit dem Buttering-Verfahren arbeiten. Der Kleber wird dann direkt auf die Rückseite der Fliesen gegeben.

Wichtig ist, daß Sie beim Ausrichten der Wandfliesen rundum ausreichend Abstand für die später anzulegenden Dehnungsfugen lassen. Am Boden müssen Sie die Höhe des Fliesenbelags einschließlich Kleberschicht berücksichtigen.

Sie können die Richtschnur an feinen Stahlnägeln befestigen. Besonders praktisch ist die Eckenschnur, die an den Außenecken zweier Randfliesen fixiert wird. Fliesenkreuze helfen Ihnen, gleiche Abstände einzuhalten

Außenecken mit Jollies oder Profilen

Wie bereits angesprochen, werden für die saubere Ausbildung von Außenecken teilweise Fliesen mit glasierter bzw. auch mit angeschrägter Kante (Jollies) angeboten. Man kann sich auch behelfen, indem man die Kanten selbst mit Hilfe des Winkelschleifers und einer Steinscheibe abschrägt.

Wesentlich sauberer sind aber Außenecken mit eingelegten Kunststoffprofilen. Sie verlegen zunächst die Fliesen auf einer Seite der Außenecke exakt kantenbündig. Am besten den Sitz durch Anlegen einer Richtlatte kontrollieren. In den frischen Kleber der Gegenseite wird anschließend das Profil gedrückt und an die Flanken der bereits verlegten Fliesen geschoben. Nun kleben Sie die erste senkrechte Reihe der neuen Fläche und setzen auch diese Fliesen dicht an das Profil. Wie unsere Bilder rechts zeigen, entsteht so eine makellose Außenecke.

Hier wird das Eckenprofil auf die Oberkante der Fliesenreihe gesetzt und gleichzeitig ins frische Kleberbett gedrückt. Der Gittersteg fixiert das Eckenprofil sicher

So präsentiert sich die Außenecke eines Sockels, der durch die Vorwandinstallation entstanden ist, mit Eckenprofilen aus Kunststoff. Die Spitze der Außenecke wird mit einem passenden Kunststoffstopfen geschlossen

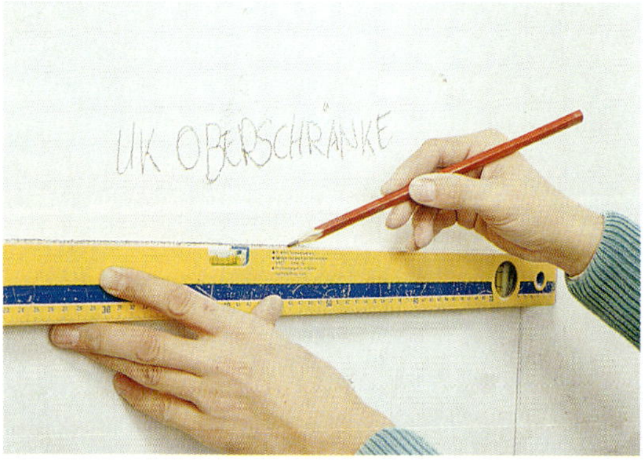

Die Oberkante des Fliesenspiegels muß ein gutes Stück unter die Oberschränke der Einbauküche ragen. Mit der Wasserwaage reißen Sie die Verlegelinie sauber an

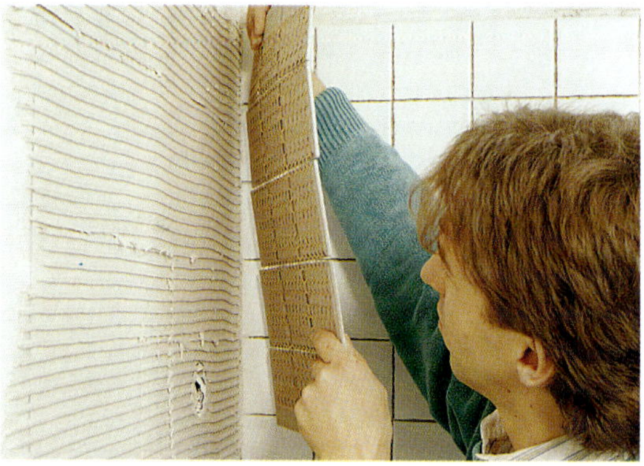
Mosaikfliesen auf Gewebematten erleichtern einem Anfänger das Verlegen. Achten Sie darauf, daß die Abstände der Fliesen innerhalb der Matte gleich sind

Die Einbauküche steht. Im Bereich der Abzugshaube wurden die Fliesen höher gezogen. Unten schafft das Dichtprofil der Arbeitsplatte einen sauberen Abschluß

Ein Fliesenspiegel für die Einbauküche

Bevor die neue Einbauküche geliefert und aufgebaut wird, müssen Sie den Fliesenspiegel zwischen Unter- und Oberschränken vorbereitet haben. Um Material zu sparen, werden die Fliesen hier in der Regel so verlegt, daß sie entweder knapp hinter die Arbeitsplatte reichen oder erst einige Millimeter über der Platte beginnen. Da die Arbeitsplatte hinten mit einem Abdeckprofil versehen wird, bleibt ein etwaiger Spalt völlig unsichtbar. Oben jedoch muß die letzte Fliesenreihe ungefähr zur Hälfte hinter den später montierten Oberschränken verschwinden. Denken Sie beim Anzeichnen auch an Versprünge durch unterschiedlich hohe Schränke und Sonderteile wie Abzugshauben oder Gewürzborde.

Ist der Fliesenspiegel exakt angezeichnet, ziehen Sie den Kleber auf die grundierte Wand. Gebrauchsfertiger Dispersionskleber ist hier ideal. Dann mit Zahnspachtel oder Zahnkelle durchkämmen. Wenn Sie die in unseren Fotos links gezeigten, auf Gewebematten fixierten Mosaikfliesen benutzen, haben Sie die Fläche im Nu belegt.

Statt einer kunststoffbeschichteten Arbeitsplatte können Sie übrigens auch eine rohe Spanplatte montieren und diese dann mit einem Fliesenbelag versehen. Besonders widerstandsfähig gegen mechanische und chemische Beanspruchungen ist eine Verklebung mit Zwei-Komponenten-Kleber. Wenn Sie die Spanplatte gut mit Haftemulsion grundieren und einen vergüteten Flexkleber im kombinierten Buttering-Floating-Verfahren (siehe S. 23) verwenden, ist die geflieste Arbeitsplatte aber fast ebenso belastbar.

Bodenfliesen im Badezimmer verlegen

Bevor es losgeht, müssen Sie die zu verfliesende Bodenfläche sorgfältig einteilen. Handelt es sich um einen rechtwinkligen Raum wird – wie im vorigen Kapitel gezeigt – eine

Richtschnur mittig und parallel zu den Seitenwänden gespannt. An dieser Schnur liegt je nach Breite des Raumes entweder eine Fuge oder genau die Mitte einer ganzen Fliese. Im rechten Winkel zur Hauptschnur ziehen Sie im Bereich der Stirnwand eine zweite Schnur. Wer einen Bau-Laser besitzt (siehe S. 43) kann damit rechte Winkel ganz exakt markieren. Ansonsten behelfen Sie sich ganz einfach mit zwei Zollstöcken, indem Sie nach Pythagoras ein rechtwinkliges Dreieck konstruieren. Einen Zollstock legen Sie in voller Länge von 2 m an einen Punkt der Hauptschnur an, der genau 60 cm vom Endpunkt entfernt ist. An den Endpunkt selbst legen Sie einen zweiten Zollstock an und verschieben die beiden Zollstöcke so, daß sie zusammen mit der Hauptschnur ein Dreieck von 60, 80 und 200 cm Seitenlänge bilden. Die drei Eckpunkte des Dreiecks bilden dann einen rechten Winkel.

Zur Kontrolle legen Sie einige Reihen der Bodenfliesen zunächst einmal trocken aus, um das Verlegemuster und die Wandanschlüsse zu kontrollieren. Wenn alles wie vorgesehen paßt, ziehen Sie den nach Herstellerangabe angerührten Kleber enlang der Hauptschnur auf den zuvor grundierten Boden. Sie legen am besten nur ein oder zwei Reihen in Längsrichtung und beginnen dann mit einer Flanke der Stirnwand. Parallel zu dieser Reihe sollten Sie weitere Markierungen anlegen und dann die Fläche Stück für Stück füllen, bis die der Tür abgewandte Hälfte des Raumes verlegt ist. Dann geht es an die zweite Hälfte.

Bei Bodenfliesen kommt es darauf an, daß sie vollflächig und hohlraumfrei im Kleberbett liegen. Größere Unebenheiten des Untergrunds müssen daher unbedingt durch Fließspachtel ausgeglichen werden (siehe S. 17). Die Kleberschicht ist zu dünn um „Bodenwellen“ zu egalisieren. Um eine optimale Haftung zu erreichen, klopfen Sie die Fliesen nach dem Ausrichten mit einem Gummihammer an. Dabei darf es nicht knirschen, d. h. die Fliese darf keinen direkten Kontakt zum Untergrund haben. So arbeiten Sie sich Reihe für Reihe voran. Da Sie die frisch verlegte Bodenfläche nicht betreten können, müssen Sie die Abstände der Fliesen immer wieder penibel kon-

Grundsätzlich müssen alle Untergründe grundiert werden. Auf den trockenen und sauberen Boden tragen Sie daher Tiefengrund mit einem breiten Pinsel auf

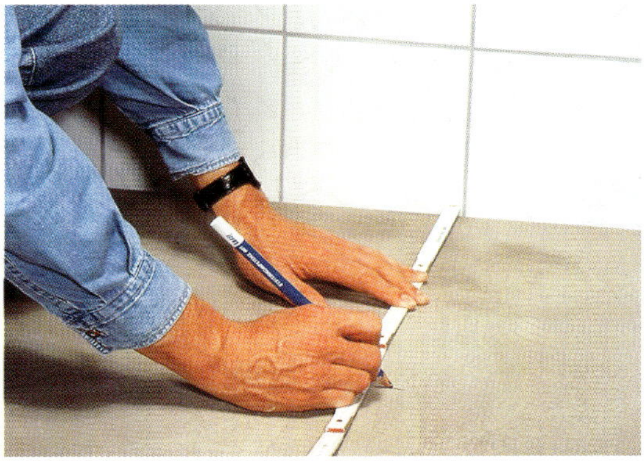

Die Bodenfliesen müssen im Fugenverlauf der Wandfliesen angeordnet werden. Markieren Sie den Verlauf der ersten Reihen mit dem Bleistift auf dem Boden

Geben Sie den nach Herstellerangabe angemischten Klebemörtel mit der Maurerkelle auf den Boden und verteilen ihn anschließend mit einer Glättkelle

Nun müssen Sie den Fliesenkleber mit der Zahnkelle gleichmäßig durchkämmen. Die Höhe der Zahnung richtet sich nach Göße und Rückseitenprofil der Fliesen

Zur perfekten Ausrichtung der Fliesen wurde eine Schnur parallel zur Wand gespannt. Richten Sie die Fliesen daran aus, wenn Sie sie ins Kleberbett legen

Damit sich eine hohlraumfreie Verlegung ergibt, müssen Sie die Platten mit dem Gummihammer anklopfen. Dabei darf kein direkter Kontakt zum Boden entstehen

trollieren. Fliesenkreuze helfen beim Ausrichten, ersetzen aber nicht die Orientierung an der Schnur. Auch in der Waagerechten gilt es, den Belag zu überprüfen. Am besten legen Sie in verschiedenen Richtungen eine Wasserwaage auf jeden frisch verlegten Abschnitt. Kleine Unregelmäßigkeiten können Sie durch Druck auf die Oberkante der Wasserwaage problemlos korrigieren.

Diagonalverlegung von Bodenfliesen

Um die Fläche eines rechteckigen Raumes diagonal mit Bodenfliesen zu belegen, markieren Sie die Längs- und die Querachse sowie die beiden den Mittelpunkt kreuzenden Diagonalen. Im Beispiel, das unsere Fotos auf der rechten Seite zeigen, reicht der Fliesenbelag allerdings nur bis zur Raummitte, wo er sich dann an einen Boden aus Fertigparkett anschließt.

Die einzelnen Fliesenreihen werden angezeichnet, zunächst trocken ausgelegt und dann erst in kleinen Teilflächen nacheinander verklebt. Ein langer Richtscheit, an die Kanten der frisch ins Kleberbett gelegten Fliesen gedrückt, hilft bei der Feinkorrektur.

Eine Reihe vor dem winkelig versetzten zur Raummitte weisenden Rand wird ein Streifen aus kleinformatigen Dekorfliesen eingelegt. Dazu müssen einzelne der 20 x 20 cm großen Platten mit Hilfe des Winkelschleifers zugeschnitten werden. Am saubersten schneiden Sie die Ausklinkungen mit einer Diamant-Trennscheibe für Fliesen.

Für den sauberen Abschluß an der Grenze zum Fertigparkett sorgt eine Metallschiene, die mit der letzten Reihe verklebt wird. Als Wandabschluß dient eine Sockelleiste aus Fliesenstreifen. Kleine Pappstücke hat man hier untergelegt, um die erforderliche Dehnungsfuge zwischen Wand und Boden freizuhalten. Verfugt wird die Fläche erst nach zwei bis drei Tagen, wenn der Belag problemlos begangen werden kann. Die Randfuge muß dabei abgedeckt werden.

Ausgangspunkt der Flieseneinteilung ist hier der Treppenansatz im Hintergrund. Eine diagonal getrennte Fliese liegt genau mittig vor der ersten Stufe der Treppe

Der Fliesenkleber wird abschnittweise zunächst glatt aufgezogen und dann auf gleichmäßige Schichtstärke durchgekämmt. Die Zahnungshöhe beträgt 6 mm

Nun werden die Fliesen in das frische Kleberbett gelegt und dann entsprechend dem Verlegemuster ausgerichtet. Anschließnd mit dem Gummihammer festklopfen

Die Kontrolle der frisch verlegten Abschnitte mit oben aufgelegeter Wasserwaage und seitlich angelegter Richtlatte erspart Ihnen Ärger über schiefen Fugenlauf

Nach 24 Stunden kann der Bodenbelag verfugt werden. Ist die Fugenmasse eingeschlämmt und hat der Mörtel leicht angezogen, beginnt die Reinigung

Um die in Serie zugeschnittenen Sockelfliesen exakt auszurichten und die Dehnungsfuge freizuhalten, hat man hier kleine Pappstreifen unter die Stöße gelegt

Fliese auf Fliese kleben

Das Abschlagen alter Fliesen macht bei der Badrenovierung Lärm, Staub und eine Menge Arbeit. Sie können den alten Belag aber auch überkleben

Badrenovierung mit Köpfchen

Möchten Sie Ihr altes Badezimmer mal so richtig auf Vordermann bringen – mit neuen Sanitärobjekten und natürlich auch schicken Fliesen? Dann zögern Sie nicht lange und machen sich selbst ans Werk. Keine Angst! Mit viel Schmutz und Lärm muß diese Verjüngungskur gar nicht verbunden sein. Sie müssen nur mit der richtigen Technik arbeiten.

Ein 30 Jahre altes Standardbad sollte umfassend modernisiert werden. Statt der großen Wanne wurde beim Umbau eine platzsparende Duschtasse installiert

Altfliesen reinigen

Mit Haushaltsreiniger und Scheuermittel müssen Sie stark verschmutzten Altfliesen zu Leibe rücken, um sie als Untergrund für eine Neuverfliesung vorzubereiten. Anrauhen mit grobem Schleifpapier verbessert die Haftfähigkeit der glasierten Fläche

Die Wanne ist weg. Alle neuen Rohrleitungen und Anschlüsse befinden sich in Vorwand-Modulen, die auf die alten Wände montiert und beplankt wurden

Wenn die Anordnung der Sanitärobjekte verändert werden soll – in unserem Fall mußte die Wanne einer platzsparenden Dusche weichen – empfehlen sich Montageelemente für die Vorwandinstallation. Die Module werden einfach auf die alte Fliesenwand geschraubt. Alle Installationen verschwinden im Inneren der Teile. Dabei sind weder Eingriffe ins Mauerwerk noch aufwendige Lötarbeiten erforderlich. Bohrschrauber, Schraubenschlüssel und Rohrschere genügen, um die Rohre zu verarbeiten. Sind die nötigen Leitungen verlegt, verkleidet man die Module mit Gipskartonplatten, die anschließend direkt mit Fliesen beklebt werden können.

Hier entsteht aus großformatigen Porenbetonblöcken die Trennwand für die Dusche. Rechts davon hat nach der Modernisierung noch eine Waschmaschine Platz

Der Versprung oberhalb des alten Fliesenspiegels wurde mit einer PU-Hartschaumplatte ausgeglichen, um die neuen Fliesen deckenhoch aufbringen zu können

Wenn Sie Fliese auf Fliese kleben, sollten Sie darauf achten, daß sich nach Möglichkeit ein ganz neuer Fugenverlauf ergibt. Sonst kann es zu Rissen kommen

Schon kann der neue Fliesenbelag verfugt werden. Sobald die Masse anzutrocknen beginnt, wird mit dem Schwamm gereinigt, dann mit dem Tuch nachpoliert

Wie viele betagte Bäder war auch das hier gezeigte ursprünglich nur bis zur Türhöhe verfliest. Will man die neuen Fliesen auf die alten kleben und den Belag bis zur Decke hochziehen, muß man oberhalb des vorhandenen Fliesenspiegels den Putz auffüttern. Sie können als Ausgleich aber auch – wie es hier gezeigt wird – PU-Hartschaumplatten in der passenden Dicke mit Fliesenkleber auf die zurückspringende Fläche kleben.

Die alten Fliesen müssen, um einen haftfähigen Untergrund zu bilden, zunächst gründlich gereinigt werden. Um die Haftung des neuen Belags zu verbessern, können Sie die Glasur auch mit grobkörnigem Sandpapier anrauhen. Ein Schwingschleifer oder Exzenterschleifer erleichtert Ihnen diese Arbeit.

Nach diesen Vorarbeiten markieren Sie, wie bereits beschrieben, das Verlegemuster, mischen den Kleber an und ziehen ihn auf. Der Fugenverlauf der alten Fliesen darf auf keinen Fall übernommen werden, da sonst Rißbildungen zu befürchten wären. Für das Kleben von Fliesen auf Fliesen können Sie Dispersionskleber oder besonders vergüteten hydraulisch härtenden Klebemörtel verwenden. Das Material muß vom Hersteller unbedingt für diese Anwendung zugelassen sein.

Die mit Gipskarton verkleideten Vorwand-Module müssen Sie mit Tiefengrund behandeln. Dann kann auch dort der Fliesenkleber aufgezogen werden. Weil die Höhe des Sockels vorgegeben ist, wird dort von oben nach unten verfliest. Für den Sockelbereich müssen Sie die Fliesen dann passend zuschneiden.

Sind die Wände fertiggestellt und verfugt, geht es ans Verlegen der Bodenfliesen. Auch hier kann der alte Belag liegenbleiben. Zu beachten ist allerdings, daß sich das Bodenniveau durch das Verlegen von Fliese auf Fliese um rund 10 mm erhöht. Nach innen aufschlagende Türen müssen entsprechend gekürzt werden. Zum angrenzenden Bodenbelag muß ein geeignetes Anschlußprofil eingebaut werden. Zuvor aber gilt es, den alten Fliesenboden vorzubereiten. Löcher und ausgebrochene Fliesen werden mit Reparaturspachtel geschlossen.

Im Bereich der Wanne, die in unserem Badezimmer herausgenommen worden war, um eine platzsparende Dusche einzubauen, zeigte sich eine Absenkung, die zu füllen war. Wie schon an der Wand wurde auch hier mit einer dünnen Platte aus PU-Schaum aufgefüttert. Dieses Material läßt sich im Sanitärbereich universell einsetzen.

Aus stärkeren PU-Platten werden auch die Umbauungen für Wannen und Duschtassen hergestellt oder Fallrohre umkleidet. Aus dem Hartschaum – nicht zu verwechseln mit Styropor – zugeschnittene Teile können Sie mittels Fliesenkleber miteinander verbinden.

Auf den gereinigten und leicht angerauhten Bodenbelag wurde schließlich der neue Fliesenkleber aufgezogen, um die 30 x 30 cm großen Platten zu verlegen. Obwohl dieses Format eher für entsprechend große Räume gedacht ist, zeigt es beim hier gewählten diagonalen Schachbrettmuster eine ausgesprochen attraktive Wirkung. Beachten Sie: Je größer die Fliesen, desto wichtiger ist die Ebenmäßigkeit des Untergrunds. Platten, die hohl liegen, brechen bei Belastung.

Fliesen und Holz

Oberhalb des durch die Vorwandinstallation entstandenen Sockels wurde die Wand mit Profilbrettern verkleidet. Eine sehr attraktive Kombination, wie unsere Bilder zeigen. Sie müssen aber für eine gute Hinterlüftung der Holzverkleidung sorgen

Auch wo die alte Wanne gestanden hatte, mußte ein Höhenausgleich geschaffen werden. Eine passend eingeklebte PU-Platte schafft ein einheitliches Niveau

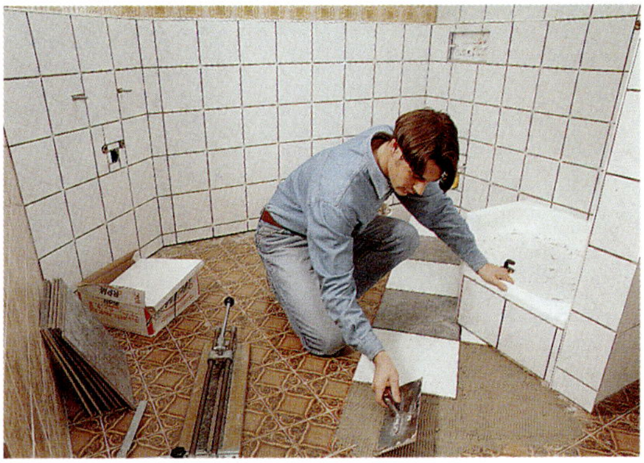

Durch Diagonalverlegung der großen Bodenplatten gewinnt das kleine Bad optisch an Raum. Der Flexkleber wird direkt auf die gut gereinigten Altfliesen gezogen

Schwarze und weiße Fliesen bilden ein Schachbrettmuster. Je größer das Plattenformat, desto dicker der Kleberauftrag, damit keine Hohlräume entstehen

Fliesen im Naßbereich verlegen

Rund um die Badewanne, vor allem aber im Bereich der Duschtasse muß der Fliesenbelag absolut dicht sein, um Bauschäden zu verhindern

So wird der Untergrund wasserdicht gemacht

Noch immer ist die geräumige Wanne das Herzstück fast jedes Badezimmers. Besonderen Badespaß bietet eine Eckwanne, wie sie unser großes Foto zeigt. Mehr und mehr wird aber in den letzten Jahren die Dusche zum Zentrum der täglichen Hygiene-Übungen. Statt einmal pro Woche in satten 80 Litern Wasser oder mehr zu planschen, wird lieber täglich mit nur 15 Litern aus dem Brauskopf der Dusche eine erfrischende Vollreinigung vollzogen.

Gummiertes Dichtband

Den besonders feuchtigkeitsgefährdeten Bereich der Innenecke in der Dusche können Sie auch durch ein solches Dichtband von der Rolle schützen. Es wird in den frischen Fliesenkleber gedrückt und nimmt Spannungen im Eckbereich sicher auf

Der Fliesenbelag im Duschbereich muß also regelmäßig unter Beweis stellen, daß er keine Feuchtigkeit ins Mauerwerk dringen läßt. Massive Bauschäden sind sonst die unausweichliche Folge. Die erste Regel heißt: im Naßbereich nur wasserundurchlässigen Kleber verwenden – am besten einen kunststoffvergüteten Flexkleber. Außerdem sollte im spritzwassergefährdeten Bereich der gesamte Untergrund abgedichtet werden. Dazu können Sie die hier gezeigte Dichtmasse auftra-

Die zuvor mit Tiefengrund oder Haftemulsion behandelten Wände der Duschecke werden zur wasserdichten Absperrung mit einer Dichtbeschichtung versehen

Auf den feuchten Anstrich werden Dichtungsband für die Innenecken und Manschetten für die Rohranschlüsse gelegt. Dann noch einmal überstreichen

Hier im Zeitraffer die Entstehung des auf Seite 56 präsentierten Badezimmers. Zuerst wurden die Wände mit einer Vorsatzschale aus Gipskartonplatten versehen

Nach dem Verlegen der Installationen in sogenannten Vorwand-Modulen wurden Dusche und Wanne eingebaut und die Verbindung zum Waschbecken angelegt

Hier sind bereits die Wand- und Bodenfliesen verlegt sowie der aus Porenbeton bestehende Verbindungssockel zum freistehenden Waschbecken vorbereitet

gen. Nach der ersten Beschichtung legen Sie im Bereich der Innenecke und der Anschlüsse zur Duschtasse noch ein zusätzliches Dichtband ein. Anschließend noch eine zweite und dritte Schicht der schwarzen Dichtmasse aufbringen. Auf den so vorbereiteten Untergrund werden dann die Fliesen geklebt.

Damit die Abdichtung unversehrt bleibt, müssen Sie beim Fliesenlegen darauf verzichten, Nägel einzuschlagen, um daran die Richtschnur zu befestigen. Arbeiten besser mit den auf Seite 46 gezeigten Fliesenecken, die den korrekten Verlauf der Reihe genauso exakt anzeigen. Lassen Sie dabei genug Abstand für die dauerelastischen Fugen.

Bahn für Bahn sauber abgedichtet

Statt einer flüssigen Dichtbeschichtung können Sie in Naßbereichen auch spezielle Kunststoffbahnen überlappend auf dem Untergrund verkleben. Die auf der rechten Seite vorgestellte Dichtmatte besteht aus Polyäthylen und ist beidseitig mit Vliesgewebe kaschiert. Mit einem auf den Untergrund abgestimmten Kleber (in der Regel hydraulischer Fliesenkleber mit Kunststoffzusatz) werden die Bahnen vollflächig auf Wand und Boden verklebt. Die Ränder müssen sich um mindestens 5 cm überlappen. Für Sanitäranschlüsse und Rohrdurchführungen gibt es ein spezielles Klebeband, mit dem Sie die Rohrstutzen umranden. Auf dem so abgedichteten Untergrund können Sie den Fliesenbelag dann wie gewohnt verkleben.

Zum Teil wird empfohlen, Wannen und Duschtassen erst nach dem Verfliesen einzubauen, weil so das mühsame Anpassen des Belags entfällt. Sie müssen sich dann aber darauf verlassen, daß die Silikonfuge dauerhaft dicht bleibt. Sicherer ist es auf alle Fälle, Wanne und Dusche schon vorher zu montieren und den Fliesenbelag anzupassen. Sie können dann auch mit Anschlußprofilen arbeiten, die vor dem Verfliesen auf den Rand der Wanne oder Duschtasse gesetzt werden und die Silikonfuge gänzlich ersetzen.

Fliesenkleber wird auf die Wand gezogen und mit der Zahnkelle durchgekämmt. In das frische Kleberbett legen Sie die Bahnen dann mit 5 cm Überlappung ein

Um den Überlappungsbereich der senkrecht verklebten Bahnen zu glätten, werden die Kanten anschließend sorgfältig mit Fliesenkleber überspachtelt

Installationsdurchführungen für Dusch- und Wannenarmaturen werden zusätzlich mit einem zum System gehörenden Klebeband umlegt und so abgedichtet

Hier ein Detail an der Duschtasse. Der Sockel hinter der Dusche wird zuerst abgeklebt. Dann führt man die Wandbahnen über die Ränder bis in die Ecken

Eine optimale Ergänzung der Wand- bzw. Bodenabdichtung bilden Dichtprofile im Anschlußbereich, die vor dem Fliesenlegen in die Ecke geklebt werden

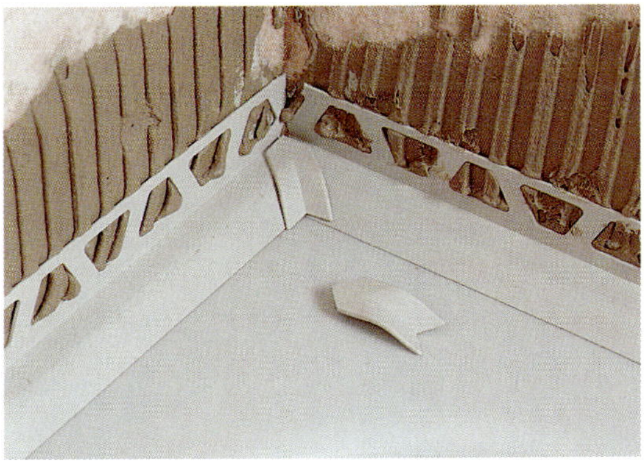

Wenn Sie ein solches Dichtprofil mit Innenecken und Abschlußkappen am Rand von Wanne und Dusche verwenden, brauchen Sie keine Silikonfuge anzulegen

Fliesenlegen im Bereich der zuvor mit den Polyäthylenbahnen abgedichten Wand. Der hydraulisch aushärtende Flexkleber wird aufgezogen und durchgekämmt

Von der ersten Reihe wird hier zuerst nach oben und dann nach unten verfliest. Sie sehen deutlich den Übergang zum zusätzlich abgedichteten Duschbereich

Ein Badezimmer mit besonderem Charme. Durch sorgfältig ausgeführte Abdichtungen unter den Fliesen und im Bereich der Anschlüsse wurde für dauerhafte Funktionstüchtigkeit der Wand- und Bodenbeläge gesorgt

Wasserdichte Verlegung auf Leichtbauelementen

Es wurde bereits angesprochen, daß für die Verlegung von Fliesen auf Untergründen wie Trockenestrich, Spanplattenböden und mit Fließspachtel beschichteten Dielenböden unbedingt ein flexibel aushärtender Klebemörtel verwendet werden muß. Dennoch können die Formveränderungen solcher Untergründe im ungünstigen Fall so stark sein, daß der relativ starre Fliesenbelag unter Umständen reißt.

Für solche Problemfälle hat man eine Trägermatte aus geripptem Polyäthylen entwickelt, die den Untergrund und den Fliesenbelag entkoppelt. Die Matte mit ihren 4 mm hohen Rippen schützt feuchtigkeitsempfindliche Untergründe wie Gipsplatten, Anhydrit-Estrich oder Holzspanplatten. Sie bildet im Inneren der Rippen zudem einen Luftraum zum Dampfdruckausgleich eventuell verbleibender rückwärtiger Feuchte. Die Fliesen sind nach dem Verlegen kraftschlüssig mit der Matte verbunden, nicht aber mit dem Untergrund. Die Matte entkoppelt die beiden Ebenen. Durch ihre Struktur ist sie in der Lage, Spannungen aus dem Untergrund gegenüber der Bekleidungsschicht zu neutralisieren.

Die Matte wird mit dem Trägergewebe der Unterseite in einen auf den Untergrund aufgebrachten Kleber eingedrückt. Das Vliesgewebe schafft also eine mechanische Verankerung. Der verwendete Kleber muß bezüglich Verträglichkeit und Haftung auf den Untergrund abgestimmt sein. Die einzelnen Bahnen der Matte verlegt man so, daß die flachen Randbereiche sich überlappen. Ein spezielles Klebeband sorgt hier dafür, daß eine dichte Verbindung entsteht.

Die schwalbenschwanzförmigen Stege auf der Oberseite der Matte werden dann mit handelsüblichem hydraulischen Fliesenkleber ausgespachtelt. Auf diesem Untergrund können Sie die Bodenfliesen wie bekannt im Dünnbett verlegen. Im Wandanschlußbereich sollten Sie einen 20 cm breiten Streifen der zuvor gezeigten Polyäthylenmatte unterlegen und an der Wand hochziehen.

Die passend zugeschnittene Trägermatte wird ins vorbereitete Kleberbett gelegt. Das Polyäthylengewebe auf der Unterseite sorgt für eine feste Verankerung

Im Randbereich sind die Matten abgeflacht, so daß sie überlappend verlegt werden können. Ein spezielles Klebeband sorgt für die Abdichtung der Verbindung

Am nächsten Tag können Sie die Oberseite der Matte mit normalem zementgebundenem Fliesenkleber ausspachteln und anschließend die Platten verkleben

Eine Treppe verfliesen

Unglasierte Steinzeugfliesen sind der ideale Belag für Treppenstufen: strapazierfähig, witterungsbeständig und leicht zu reinigen

Sonderformate für die Trittkanten

Ob im Eingangsbereich oder im Inneren des Hauses: Treppen gehören zu den am meisten strapazierten Bereichen. Der Bodenbelag hat hier einiges auszuhalten. Optimale Produkteigenschaften hat unglasiertes Steinzeug, das heißt gesinterte Fliesen ohne Glasurschicht, die mit der Zeit abgerieben werden könnte. Bei Treppen sind es vor allem die Kanten der Stufen, die besonderer mechanischer Belastung unterliegen.

Weil Steinzeugfliesen keine Feuchtigkeit aufnehmen, sind sie auch absolut frostsicher. Bei Außentreppen müssen Sie darauf achten, daß hohlraumfrei verlegt wird und die Stufen nach vorn ein ganz leichtes Gefälle von etwa 2% aufweisen. Dann kann kein Wasser auf den Stufen stehenbleiben, was – vor allem im Winter – Rutschgefahr bedeuten würde.

Für eine Treppe müssen Sie den Fliesenbedarf sehr genau berechnen. Am besten jede Stufe einzeln ausmessen. Da die Flächen relativ klein sind, muß ein hoher Verschnittanteil von bis zu 30% einkalkuliert werden. Messen Sie jede Treppenstufe einzeln aus, und zählen Sie die erforderlichen Stufenplatten, Sockelfliesen und Normalfliesen für Auftrittflächen und Podeste. Viele Hersteller bieten zum Verfliesen von Treppen verschiedene Sonderformate an. Besonders elegant wirken rechtwinklige Trittkanten aus Steinzeug, wie sie auf den Fotos rechts zu sehen sind. Sie erhalten damit ein ganz sauberes Verlegebild und sparen zudem Arbeit beim Zuschneiden.

Die erforderliche Klebermenge richtet sich nach der zu verwendenden Zahnung für das Aufkämmen des Mörtels. Weil man eine hohlraumfreie Verlegung erreichen will und die Treppenfliesen häufig stark strukturierte Unterseiten aufweisen, wird man in der Regel eine 8-mm-Zahnung wählen. Wenn im kombinierten Buttering-Floating-Verfahren gearbeitet werden muß, erhöht sich der Bedarf nochmals. Muß die Treppe schon nach kurzer Zeit wieder betreten werden können, arbeiten Sie mit einem speziellen Schnellkleber.

Wenn Sie mit speziellen Formteilen für die Trittkante arbeiten, werden diese zuerst ins Kleberbett gelegt und dann mit dem Gummihammer leicht angeklopft

Mit Fliesen im Normalformat komplettieren Sie dann die Auftrittsflächen und Vorderkanten. Bei gleichen Stufenbreiten können Sie die Platten in Serie zuschneiden

Nachdem auch der Sockel im Wandbereich verklebt und die Flächen verfugt sind, stellen Sie im Anschlußbereich eine dauerelastische Dehnungsfuge her

Sind die alten Fliesen abgeschlagen und verbliebene Kleberreste gründlich entfernt, wird die Betontreppe mit Tiefengrund oder Haftemulsion vorbehandelt

Zuerst bekleben Sie die Vorderkanten der Stufen mit passend zugeschnittenen Platten. Dann Fliesenkleber auf die Trittfläche geben und gründlich durchkämmen

Die Fliesen werden aufgelegt im Kleber ausgerichtet und mit dem Gummihammer leicht angeklopft. Hier das Abmessen eines Paßstücks für den Wandanschluß

Das Maß müssen Sie auf die Fliese übertragen. Dann mit der Schneidemaschine entlang der Linie anritzen und brechen oder mit der Trennscheibe schneiden

Zur Wand muß eine Fuge von etwa 10 mm Breite bleiben. Hier wird zuletzt ein Sockel aus 70 mm breiten Fliesenstreifen mit einer Dehnungsfuge angeschlossen

Bevor der Klebemörtel anzieht, sollten Sie den Fliesenbelag im Auftrittsbereich mit der Wasserwaage überprüfen und bei Bedarf letzte Unebenheiten ausgleichen

Schritt für Schritt zum neuen Treppenbelag

In dem auf dieser Seite gezeigten Beispiel waren die Innentreppe eines Hauses samt Flurbereich von einem alten Fliesenbelag befreit worden. Man hatte seinerzeit glasierte Dekorfliesen verwendet, die erstens unmodern geworden waren und zweitens im Bereich der Auftritte bereits starke Abnutzungserscheinungen aufwiesen.

Nach dem Abschlagen des alten Belags – für diese Arbeit ist ein Bohrhammer mit Meißel ideal – galt es zunächst, die Flächen fürs Neuverfliesen vorzubereiten. Dazu wurden die Stufen nach dem Entfernen alter Kleberreste grundiert. Ist die Grundierung trocken, rühren Sie den Kleber an. Weil das Zuschneiden und Verlegen der Platten an der Treppe besonders arbeitsintensiv ist, sollten Sie nur kleine Mengen vorbereiten.

Zuerst ziehen Sie Klebemörtel auf die senkrechten Treppenkanten auf und setzen hier die zugeschnittenen Fliesen bündig mit der Oberkante an. An der offenen Treppenseite stets mit einer ganzen Fliese beginnen. Nur wenn an der Innenwange ein zu kleiner Streifen entsteht, gehen Sie von der Stufenmitte aus und schneiden beide Außenplatten zu.

Im nächsten Schritt geht es an die Auftrittsflächen. Deren Vorderkanten müssen genau in einer Flucht mit den senkrechten Platten liegen. Im Randbereich und besonders bei gewendelten Treppen müssen für die Auftritte Fliesen auf Maß zugeschnitten werden. Vielfach ist die Fliesenschneidemaschine beim Herstellen der Paßstücke überfordert. Vor allem, wenn schmale Streifen abgetrennt werden müssen. Hier arbeiten Sie besser mit dem Winkelschleifer und einer Steinscheibe oder einer speziellen Diamant-Trennscheibe für Fliesen. Dazu die Platten im Freien auf einer Holzunterlage festspannen und bei mäßigem Vorschub durchschneiden. Handschuhe und Schutzbrille nicht vergessen! Die ins frische Kleberbett gelegten Auftrittsfliesen dann mit dem Gummihammer anklopfen und mit Hilfe der Wasserwaage ausrichten.

Nachdem die alten Fliesen entfernt waren, wurde der Bedarf genau berechnet. Bei Treppenstufen müssen Sie einen Verschnitt von bis zu 30% einkalkulieren

So präsentieren sich Flur und Treppe mit dem neuen Fliesenbelag. Die unglasierten Steinzeugplatten sind besonders abriebfest und ausgesprochen pflegeleicht

Fliesen im Außenbereich

Für Balkone und Terrassen dürfen Sie nur frostbeständige Fliesen und Fliesenkleber verwenden. Die Verlegung muß hohlraumfrei erfolgen

Auf den richtigen Unterbau kommt es an

Kaum ein Bereich am Haus wird so extremen Belastungen ausgesetzt wie der Fliesenbelag von Balkon oder Terrasse. Dennoch werden vor allem Balkone sehr häufig ausgesprochen unsachgemäß ausgeführt, weil man die Angriffe von Frost, Hitze und Feuchtigkeit ganz einfach unterschätzt.

Drei Punkte sind schon beim Unterbau zu beachten: Erstens muß die Tragplatte aus Beton ausreichend bewehrt und gegenüber der Innendecke mit Bewegungsfugen versehen werden. Zweitens muß der Estrich auf der Balkonplatte ein Gefälle von rund 2% und eine wirksame Wasserabführung aufweisen. Drittens ist eine Abdichtung erforderlich, die im Wand- und Türbereich hochgezogen und sauber angeschlossen werden muß. Sie darf keine Unebenheiten aufweisen, die den Wasserabfluß behindern und in der Folge zu Stauungen führen.

Bei Terrassen werden schon in der Rohbauphase häufig eklatante Fehler gemacht. An erster Stelle wird versäumt, den Unterbau der Betonplatte ausreichend zu verdichten. Oftmals schüttet man den Arbeitsraum rund um den Keller in einem Zug zu und beschränkt sich darauf, die Oberfläche grob abzurütteln. Nach zwei bis drei Jahren senkt sich dann die Terrasse ab, weil der Untergrund nach und nach abgesackt ist.

Weiterhin fehlt bei mit Fliesen belegten Terrassen oftmals das erforderliche Gefälle, so daß Feuchtigkeit in den Unterbau eindringt und zu Frostschäden führt. Bei großen Flächen versäumen es Profis wie Do-it-yourselfer regelmäßig, die erforderlichen Dehnungsfugen im Belag vorzusehen (siehe dazu die Grafik Seite 68).

Durch die enorme Aufhitzung unter sommerlicher Sonneneinstrahlung dehnen sich die Fliesen aus und lösen sich vom Unterbau ab. Im nächsten Winter sickert Wasser in die entstandenen Ritzen, und der Frost sprengt den Belag dann vollends ab.

Um eine hohlraumfreie Verklebung zu erreichen, nehmen Sie außen entweder sogenannten Fließbettkleber, oder Sie arbeiten mit der Buttering-Floating-Methode

Auch beim Verfugen müssen Sie im Außenbereich Spezial-Produkte verwenden: nämlich flexibel aushärtenden Fugenmörtel, der garantiert keine Risse bildet

Dehnungsfugen verhindern, daß der Fliesenbelag sich bei Wärmeausdehnung vom Untergrund löst. Hier werden spezielle Profile beim Verkleben eingelegt

Genauso wichtig wie die Dehnungsfugen in der Fläche sind die Anschlüsse im Wandbereich. Auch hier gibt es Spezialprofile, die sich in den Belag integrieren lassen

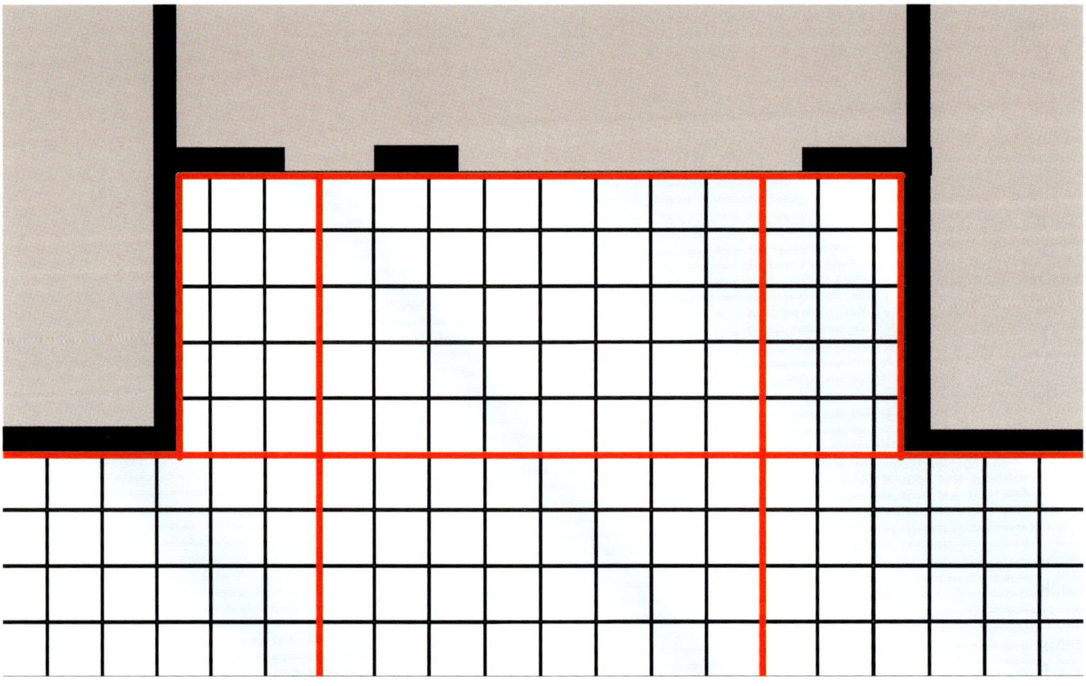

Die Ausdehnung von Fliesen unter Sonneneinstrahlung darf nicht unterschätzt werden. Bei hellen Fliesen müssen Sie alle 4,5 m, bei dunkleren alle 2 m eine Dehnungsfuge einplanen. Die Grafik zeigt ein Verlegeschema

Was bei der Neuverlegung zu beachten ist

Sind Sanierungsarbeiten im Bereich unsachgemäß ausgeführter Balkone und Terrassen erforderlich, sollten Sie auf jeden Fall einen Fachmann hinzuziehen, ehe Sie neue Fliesen verlegen. Schwachpunkte im Unterbau der Konstruktion (siehe oben) würden sonst unweigerlich zu Neuschäden führen.

Erst wenn Abdichtung, Gefälle usw. fachgerecht ausgeführt wurden, können Sie neue Fliesen aufbringen. Der Unterbau muß 2% Gefälle in Abflußrichtung aufweisen. Die gesamte Konstruktion muß mit hochgezogenen Wandanschlüssen gegen das erneute Eindringen von Feuchtigkeit geschützt werden.

Achten Sie beim Fliesenkauf für Balkon oder Terrasse unbedingt auf Frostsicherheit des Materials. Nur gesintertes Steinzeug ist hier geeignet. Die Fliesenoberfläche darf nicht zu glatt sein, sonst besteht bei Feuchtigkeit erhöhte Rutschgefahr. Im Bereich von Stufen sollten Sie nach Möglichkeit Fliesen mit trittsicher strukturierter Oberfläche verwenden.

Auch der Kleber und der Fugenmörtel müssen laut Herstellerangabe für den Außenbereich zugelassen sein. Vorsicht ist bei Billigklebern geboten, die mitunter einen zu geringen Zementanteil enthalten. Am besten nehmen Sie einen kunststoffvergüteten Flexkleber, den Sie im kombinierten Buttering-Floating-Verfahren auftragen, um eine garantiert hohlraumfreie Verlegung zu erzielen.

Aufgrund der starken Temperaturschwankungen im Außenbereich müssen beim Fliesenbelag unbedingt Dehnungsfugen eingeplant werden. Bei helleren Fliesen ca. alle 4,5 m, bei dunkleren Platten sogar alle 2 m. Die Grafik links zeigt ein entsprechende Verlegeschema. Die Dehnungsfugen werden mit Bau-Silikon ausgespritzt, oder Sie verwenden spezielle Dehnungsfugenprofile, die man bereits beim Verkleben der Fliesen in den Belag einfügt. Auch für die Wandanschlüsse bekommen Sie Spezialprofile, die für dauerhaft wasserdichte Dehnungsfugen sorgen.

Bei Stufen im Außenbereich kommt es auf Trittsicherheit an. Wenn keine profilierten Trittkantenfliesen erhältlich sind, können Sie ein solches Profil einlegen

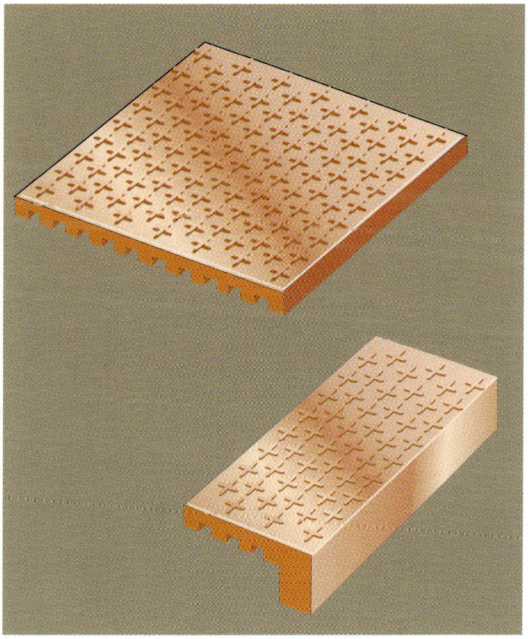

Eine rutschfeste Oberfläche bieten solche Spaltplatten aus frostsicherem Steinzeug. Sie bieten sich für die Verlegung an abgestuften Terrassen und Außentreppen an

Fliesen neu beschichten

Ersparen Sie sich beim Renovieren Schmutz und Arbeitsaufwand, indem Sie alte Fliesenbeläge ganz einfach neu beschichten

Optische Auffrischung mit System

Geschmäcker ändern sich. Ein Fliesendekor, das vor Jahren hochaktuell war, wirkt heute altbacken und unmodern. Die Komplettrenovierung des Badezimmers mit Abschlagen der neuen Fliesen und Neuverlegung oder Überkleben der alten Fliesen muß dann aber nicht unbedingt sein. Es gibt mittlerweile eine elegante Alternative – nämlich ein hochwertiges Beschichtungssystem – mit dessen Hilfe Sie dem betagten Belag im Nu zu einem völlig neuen Aussehen verhelfen.

Silikonfugen entfernen

Alte Silikonfugen müssen vor Beginn der Beschichtungsarbeiten sorgfältig entfernt werden. Dazu schneiden Sie die Fugen mit einem scharfen Cuttermesser möglichst tief aus. Festsitzende Silikonreste werden anschließend mechanisch entfernt. Dazu benutzen Sie einen scharfen Spachtel und für den letzten Arbeitsgang Stahlwolle. Denken Sie daran, daß jeder kleinste Silikonrest die Haftung der Fliesenbeschichtung gefährdet. Bei mangelhafter Vorarbeit sind spätere Abplatzungen zu befürchten, die sich kaum noch reparieren lassen.

Kratzen Sie auch mit Fugenmörtel gefüllte Dehnungsfugen aus, die ursprünglich nicht dauerelastisch versiegelt worden sind.

Nachdem die Fliesenbeschichtung aufgebracht wurde, warten Sie mindestens drei Wochen ab, ehe Sie die Dehnungsfugen neu mit farblich passendem Sanitär-Silikon versiegeln.

Die hier vorgestellte Fliesenbeschichtung erreicht nach der Abbindezeit von 24 Stunden eine Oberflächenhärte, die der höchsten Beanspruchungsgruppe (IV) bei Fliesen entspricht. In diese Gruppe gehören laut Untersuchungs- und Beratungsinstitut für Wand- und Bodenbeläge „glasierte keramische Bodenbeläge, die bei stärkerer Begehungsfrequenz in Bezug auf die Verschmutzungs- und Belastungsfähigkeit intensiver beansprucht werden. Beispiele für solche Bereiche sind

So sah unser Badezimmer vorher aus. Was in den 60er Jahren als hochmodern gegolten hatte, wirkte nun antiqiert. Eine Komplett-Renovierung war also angesagt

Dübellöcher im alten Fliesenbelag werden einfach mit Füllspachtel verschlossen. Grobe Verschmutzungen entfernen Sie mit dem Spachtel oder mit Stahlwolle

Schmutz und Fettreste lassen sich mit dem Grundreiniger entfernen. Das Mittel gleichmäßig auf die Fliesen sprühen und dann mit einem sauberen Tuch abreiben

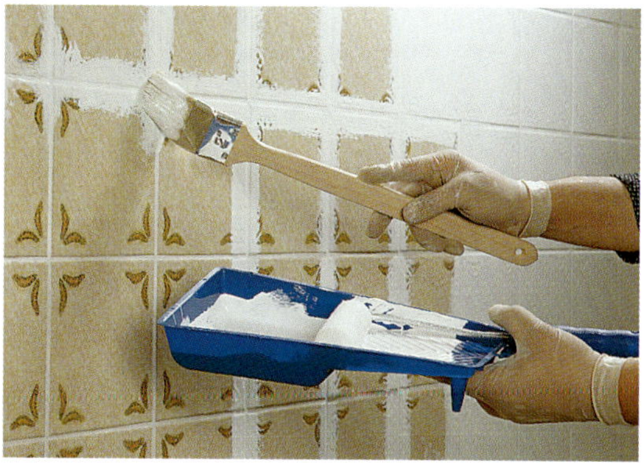

Nun geht's an die Beschichtung: Mit einem Pinsel streicht man zuerst die Fugen mit Farbe ein. Tragen Sie die Farbe dünn auf, und gehen Sie segmentweise vor

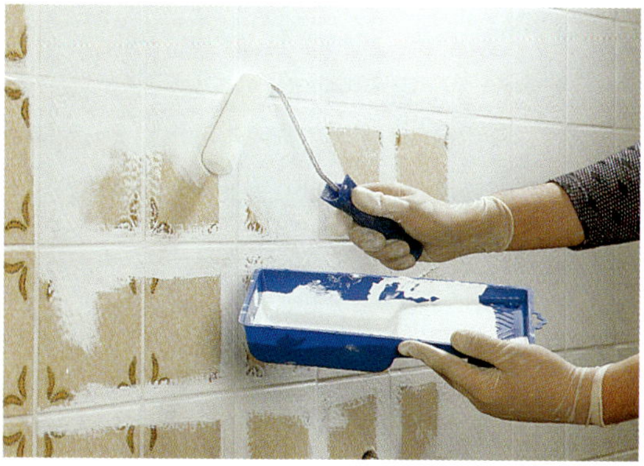

Die übrige Fläche muß anschließend mittels der zum System gehörenden Schaumstoff-Rolle beschichtet werden. Nach jeder Beschichtung die Rolle wechseln

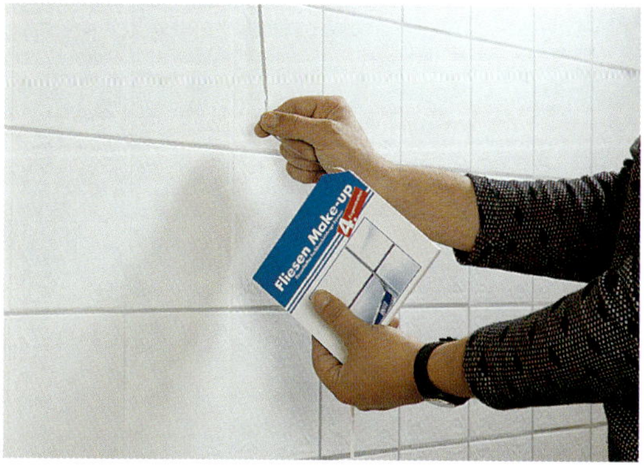

Nachdem die Fliesen ein zweites Mal mit Farbe gestrichen wurden, können Sie die selbstklebenden Fugenstreifen fixieren – zuerst waagerecht, dann senkrecht

Eingänge, Verkaufs- und Wirtschaftsräume, Büros u. ä." Diese Einstufung zeigt, daß derart beschichtete Fliesenbeläge im höchsten Maße strapazierfähig sind.

Die Beschichtung erfolgt in mehreren Stufen. Farbschicht und Versiegelung werden getrennt aufgebracht. Zur Erhöhung der späteren Belastbarkeit sollten Sie beide Schichten jeweils zweimal auftragen. Zwischen den einzelnen Schritten ist eine ausreichend lange Trocknungszeit zu berücksichtigen.

Die Versiegelung

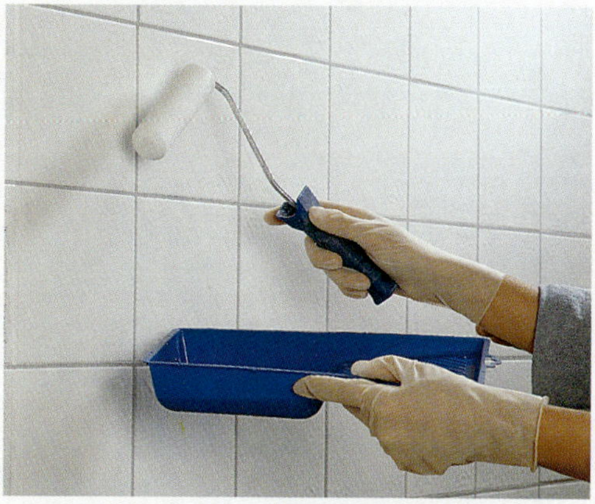

Den erforderlichen Schutz vor mechanischer Belastung bietet erst die Versiegelung der Farbbeschichtung mit einem transparenten Speziallack. Auf Wunsch können Sie vorher noch Dekorstreifen oder -quadrate auf die Fliesen kleben

Soll die Fliesenbeschichtung dauerhaft halten, muß der Untergrund entsprechend sorgfältig vorbereitet werden. Daher gehören neben der Farbe auch ein Grundreiniger und ein Haftgrund zum System. Grobe Verunreinigungen werden zuvor mit dem Spachtel oder mit Stahlwolle abgetragen. Sanitärobjekte wie Waschbecken und Toilettenschüsseln werden vor der Reinigung abgebaut.

Beschädigungen der alten Fliesen und häßliche Dübellöcher können Sie vor dem Aufbringen der Farbe mit handelsüblichem Füllspachtel reparieren. Lose Fliesen vorher einfach neu ankleben.

Achten Sie beim Beschichten der vorbereiteten Fliesen darauf, mit gleichmäßigem Rollendruck immer die gleiche Menge an Farbe aufzutragen, da Sie sonst keine völlig glatte Fläche erzielen werden. Zuerst bearbeiten Sie die Wände, dann folgt der Fliesenboden.

Mit dem gleichen System können Sie übrigens nicht nur Fliesen, sondern auch alle Sanitärobjekte wie Badewannen, Waschbecken und Toiletten (diese aber nur von außen) und sogar die Heizkörper im Badezimmer beschichten. Nur Acrylobjekte sind nicht geeignet. Die Oberflächen werden gründlich gereinigt und entfettet, Kalkablagerungen und Silikonreste mechanisch entfernt. Abgeplatzte Stellen können Sie mit Feinspachtel reparieren. Glasierte Flächen müssen Sie mit feinem Schleifpapier (400er oder 600er) leicht anschleifen und den Schleifstaub gründlich entfernen. Dann wird Haftgrund mit einem Tuch dünn aufgerieben. Mit dem Pinsel oder besser noch einer feinporigen Schaumstoffrolle tragen Sie die Fliesenbeschichtung dann auf. Nachdem die erste Lage durchgetrocknet ist (mindestens 6 bis 12 Stunden warten) wird die zweite Schicht aufgetragen. Nach weiteren 12 Sunden Aushärtung schleifen Sie die Farbe mit sehr feinem Schleifpapier unter ganz leichtem Druck glatt, um Sie im letzten Arbeitsgang durch zwei Schichten Versiegelung vor mechanischer Belastung zu schützen. Durch die Endbeschichtung schaffen Sie eine transparente, keramikartige Verschleiß-Schutzschicht.

Jede Einzelbeschichtung sollte stets sehr dünn aufgetragen werden. Der Verbrauch liegt dann bei 55-60ml/m^2. Bevor Wanne oder Waschbecken wieder mit Waser in Berührung gebracht werden, bitte eine Mindest-Trockenzeit von 24 Stunden einhalten. Die Fliesenbeschichtung erreicht ihre Endhärte erst nach etwa drei Wochen. Die Badbenutzung ist aber schon direkt nach der Austrocknung möglich.

Bei der Verarbeitung der Farbbeschichtung müssen Sie unbedingt Handschuhe tragen. Das Material haftet besonders intensiv und läßt sich von der bloßen Haut nur schwer entfernen. Bei der Verarbeitung die Räume gut lüften, dabei aber Staub vermeiden.

Soll auch die Badewanne beschichtet werden, reinigen Sie die Oberfläche mit Grundreiniger und schleifen die Glasur dann mit feinem Schleifpapier ein wenig an

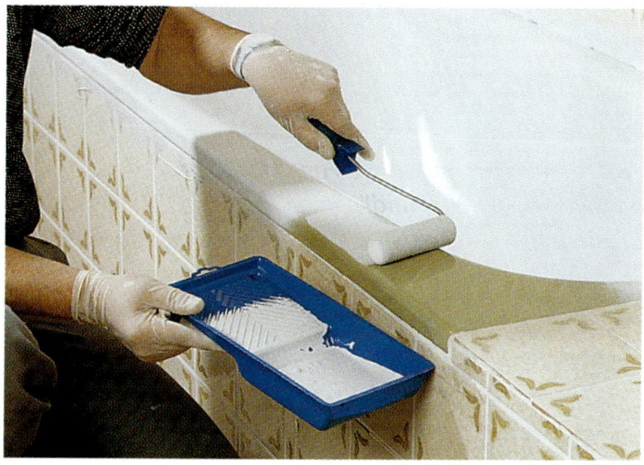

Nach dem Schleifen wird Haftgrund mit dem Lappen aufgerieben. Anschließend können Sie mit dem Farbauftrag beginnen. Auch hier wird zum Schluß versiegelt

Im letzten Arbeitsgang reinigen und beschichten Sie den Fliesenboden. Nachdem der Belag durchgetrocknet ist, erneuern Sie die Silikonfugen in den Ecken

Mit dem Pinsel tragen Sie Fugenfrisch im gewünschten Ton auf die zuvor gründlich gereinigten Fliesenfugen. Dann warten Sie, bis die Masse matt aufgetrocknet ist

Zum Auffrischungs-System gehört ein Schwamm mit rauher Unterseite. Damit reiben Sie nun in kreisenden Bewegungen die überschüssige Farbe von den Fliesen

So frischen Sie Fliesenfugen wieder auf

Häufig ist der alte Fliesenbelag in Bad oder Küche zwar noch nicht erneuerungsbedürftig aber die Fugen – vor allem im Bereich der Dusche, rund um die Wanne und am Waschbecken – sind im Laufe der Zeit mehr oder weniger unansehnlich geworden. Auch gründliches Putzen bringt hier keine Abhilfe.

Verblaßte oder verschmutzte Buntfugen können Sie aber mit Fugenfrisch wieder vorzeigbar machen. Mit einem speziellen Fugenreiniger säubern Sie zunächst die Fugen. Anschließend wird Fugenfrisch mit einem Pinsel oder Schwamm gleichmäßig aufgestrichen. Dann müssen Sie die Masse gut durchtrocknen lassen, bis die überstrichene Fuge ganz matt aussieht.

Mit Hilfe des zum Auffrischer-Systems gehörenden Schwamms und dessen harter Seite wird nun die Fläche naß abgerieben. Mit kreisenden Bewegungen lösen Sie die Farbe von der Fliesenoberfläche. Zum Schluß erfolgt eine Endreinigung mit Schwammtuch oder Fensterleder. Nach dieser Behandlung, die Sie bei Bedarf wiederholen können, präsentieren sich die Fugen wieder wie neu.

Fachbegriffe der Fliesen-Verlegetechnik

Abrutschen

Qualitäts-Fliesenkleber dürfen bei korrekter Anmischung an senkrechten Flächen durch ihr Eigengewicht nicht stärker als 0,5 mm abrutschen.

Anmischen

Die als Trockenmischung angebotenen Fliesenkleber und Fugenmörtel werden zur Verarbeitung exakt nach Herstellerangabe mit Wasser (sogenanntes Anmachwasser) vermischt. Klumpenfreies Anmischen gelingt am besten mit einem in die Bohrmaschine gespannten Rührkorb oder Rührquirl. Die meisten Produkte müssen nach einer sogenannten Reifezeit noch einmal durchgerührt werden.

Aufkämmen oder Durchkämmen

Damit wird der Arbeitsgang bezeichnet, bei dem der zuvor auf den Untergrund gezogene Klebemörtel mit einem Zahnspachtel oder einer Zahnkelle abgezogen wird. Dabei entstehen Kleberstege von gleichmäßiger Stärke.

Dehnungsfugen

Überall dort, wo konstruktionsbedingte Spannungen zwischen verschiedenen Baustoffen und Bauteilen auftreten können, müssen die Fugen dauerelastisch ausgebildet werden. Dazu legt man entweder Spezialprofile mit Dichtlippen in den Fliesenbelag ein oder spritzt die Fugen mit Silikon aus.

Buttering-Verfahren

Damit wird eine Arbeitsmethode der Dünnbettverlegung bezeichnet. Der Fliesenkleber wird dabei nicht auf den Untergrund, sondern auf die Rückseite der Fliese gezogen. Vor allem bei schmalen Sockelfliesen und einzeln nachzuklebenden Fliesen wird mit dieser Technik gearbeitet.

Dickbettverlegung

Im Gegensatz zur Dünnbettverlegung wird bei diesem Verfahren eine 15 bis 20 mm dicke Mörtelschicht einzeln auf die Fliesen gegeben. Man gleicht in einem Arbeitsgang Unebenheiten des Untergrunds aus und bringt die Fliese in die richtige Position. Die Dickbettverlegung ist nur für Profis geeignet.

Dispersionskleber

Gebrauchsfertig angemischter Kunststoffkleber, der für die Verarbeitung von Wandfliesen benutzt wird. Dispersionskleber behält nach dem Aushärten eine gewisse Flexibilität und kann für Leichtbauuntergründe verwendet werden. Auch für das Kleben von Fliese auf Fliese ist er geeignet.

Dünnbettverlegung

Damit wird die heute gebräuchlichste und für den Heimwerker am besten geeignete Klebetechnik bezeichnet. Der Kleber wird in einer dünnen Schicht von 2 bis 6 mm Stärke auf den völlig ebenen Untergrund aufgezogen und dann mit einer Zahnkelle aufgekämmt.

Einschlämmen

Der pastös angemische Fugenmörtel wird in die Fugen der fertig gefliesten Oberfläche eingeschlämmt. Mit dem Gummiwischer verteilt man die Fugenmasse durch diagonale Bewegungen.

Estrich

Bodenbelag , der meist aus Feinbeton besteht. Es gibt aber auch Anhydrit- und Gußasphaltestriche. Man unterscheidet zwischen Verbundestrich, der direkt auf der Betondecke liegt, und schwimmendem Estrich, der durch eine Trennschicht vom tragenden Unterbau entkoppelt ist.

Floating-Verfahren

Arbeitsmethode bei der Dünnbettverlegung. Dieses gebräuchlichste Verfahren besteht darin, daß der Fliesenkleber auf den Untergrund und nicht auf die Fliesenrückseite aufgezogen wird.

Grundieren

Grundsätzlich müssen alle zu verfliesenden Untergrunde vor dem Auftragen des Klebers grundiert werden. Damit verfestigt man Problemuntergründe, verbessert die Haftung und verleiht der Fläche eine gleichmäßige Saugfähigkeit.

Hautbildung

Aufgekämmter Fliesenkleber beginnt nach einer bestimmten Zeit, eine Haut auf der Oberfläche der Kleberstege zu bilden. Eine danach angesetzte Fliese erlangt keine volle Haftung. Der Kleber muß immer frisch sein. Bei Qualitätsklebern beginnt die Hautbildung frühestens nach 10 Minuten.

Hydraulisch härtende Mörtel

Klebemörtel, die auf Zementbasis angemischt sind, werden als hydraulisch härtende Mörtel bezeichnet. Sie müssen mit Wasser angemischt werden und binden beim Aushärten einen Teil davon. Um die Klebeeigenschaften zu verbessern, werden Zementmörtel häufig mit Kunststoffzusätzen versehen.

Kombiniertes Verfahren

Für Verlegearbeiten, bei denen die Fliesen absolut hohlraumfrei aufliegen müssen, wird das kombinierte Verfahren, auch Buttering-Floating-Verfahren genannt, verwendet. Der Fliesenkleber wird dabei einerseits auf den Untergrund gezogen und durchgekämmt, andererseits aber auch auf die Fliesenrückseite gegeben.

Korrigierzeit

Während der sogenannten Korrigierzeit können Sie ins frische Kleberbett gedrückte Fliesen noch in ihrer Position verschieben, ohne daß die Hafteigenschaften darunter leiden.

Mittelbettverlegung

Neben Dickbettverlegung und Dünnbettverlegung gibt es eine weitere Technik, bei der der Kleberauftrag zwischen 5 und 15 mm beträgt. Man verwendet dafür entsprechend grobe Zahnkellen. Durch die dickere Kleberschicht können Sie kleinere Unebenheiten des Untergrunds noch ausgleichen.

Offene Zeit

Als offene Zeit bezeichnet man die Spanne, innerhalb der der Kleber frisch ist und sich noch keine Haut auf der Oberfläche der Klebersteqe bildet. Von der offenen Zeit hängt es ab, wieviel Kleber man in einem Arbeitsgang auftragen sollte.

Reifezeit

Viele Mörtelmischungen sollen nach dem gründlichen Anmischen einige Minuten reifen, um dann ein zweites Mal durchgerührt zu werden. Erst anschließend hat der Mörtel dann seine optimalen Verarbeitungseigenschaften erreicht.

Trockenmörtel

Damit bezeichnet man Mörtelmischungen, die vom Hersteller im Werk mit allen erforderlichen Zuschlagstoffen versehen wurden und auf der Baustelle nur noch mit Wasser angemischt werden müssen.

Verarbeitungszeit

Die Zeit, in der ein zuvor angemischter Fliesenkleber oder Fugenmörtel ohne Einschränkung gebrauchsfähig ist. Diese Zeit müssen Sie unbedingt beachten. Fliesenkleber, der bereits auszuhärten beginnt darf nicht durch Zugabe frischen Wassers und erneutes Aufrühren verarbeitungsfähig gehalten werden. Er verliert dann nämlich seine Haftfähigkeit. Gleiche Einschränkungen gelten für Fugenmörtel und andere Produkte, die aus Trockenmischungen hergestellt werden.

Register

Praktische Hilfe für Selbermacher

·D·I·Y·
DEUTSCHE HEIMWERKER AKADEMIE

Seit 1988 bietet die DHA bundesweit Praxiskurse für Heimwerker zu allen Themen des Selbermachens an. Jeder Teilnehmer arbeitet dabei selbst an Übungsstücken und lernt dadurch, fachgerecht und sicher mit Material und Werkzeug umzugehen.

Kleine Übungsgruppen stellen sicher, dass man seinen persönlichen Neigungen entsprechend geschult wird. In jedem Seminar ist genügend Zeit vorhanden, um Fragen zu diskutieren und zu beantworten. Und bei zweitägigen Kursen kann man abends mit Gleichgesinnten nach Herzenslust fachsimpeln.

Nähere Infos bei:
Deutsche Heimwerker Akademie
Mollenbachstraße 33-35
71229 Leonberg

Das Kursprogramm finden Sie auch im Internet:
www.dha.de

Online Hilfe für Selbermacher www.dha.de

Das Netz der Netze bietet auch für Selbermacher sehr viele Möglichkeiten, bedarfsgerechte Informationen zu bekommen. Der DHA Server gewährleistet individuelle Beratung via E-Mail und ist zugleich ein Forum, in das Selbermacher Nachrichten, Fragen und jede Menge Tips und Tricks ablegen und so einer breiten Öffentlichkeit zur Verfügung stellen können.

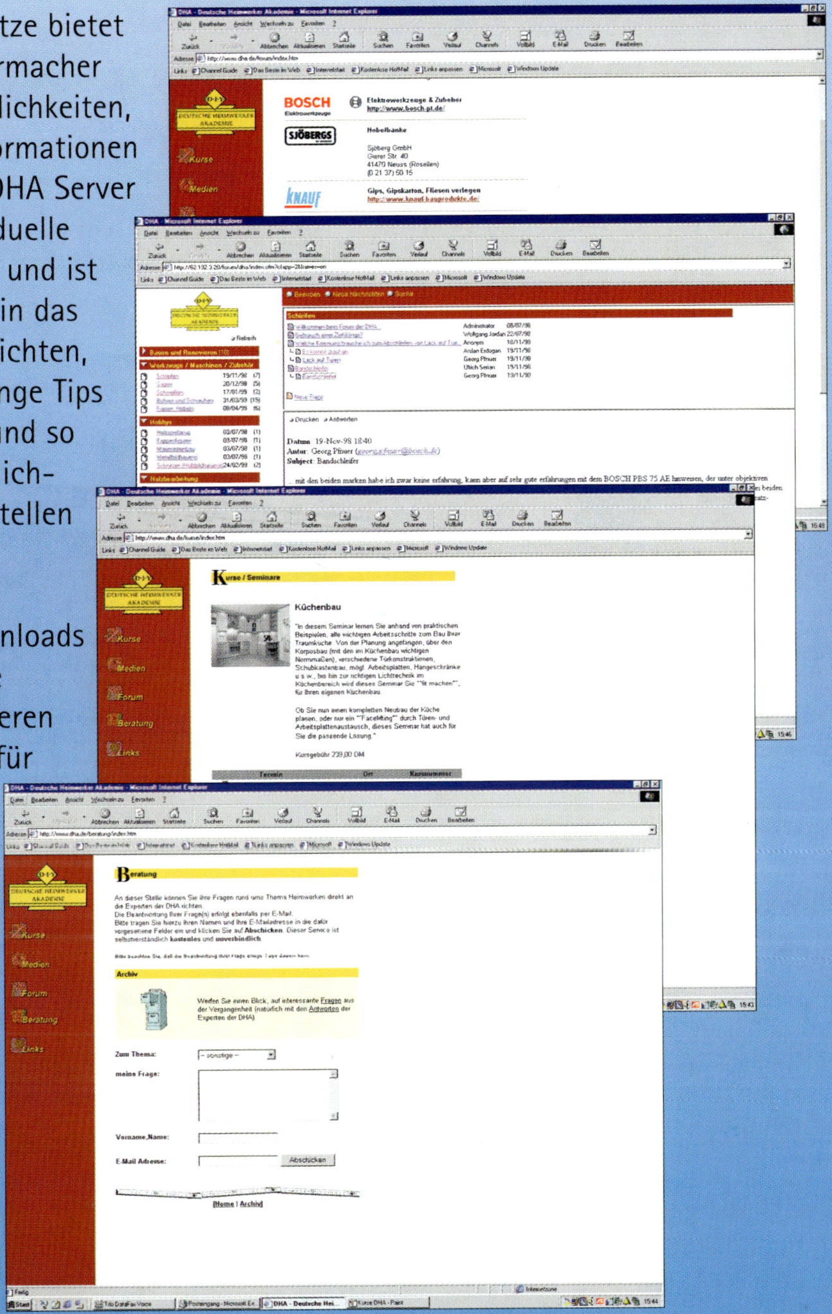

Neben Bauplan downloads finden Sie auch eine Menge Links zu anderen Seiten im Netz, die für Selbermacher unerlässlich sind.

Im FALKEN Verlag sind zahlreiche Titel zum Thema „Do it yourself" erschienen.
Sie sind überall erhältlich, wo es Bücher gibt.

Sie finden uns im Internet: **www.falken.de**

Dieses Buch wurde auf chlorfrei gebleichtem und säurefreiem Papier gedruckt.

ISBN 3 8068 1799 5

Umschlaggestaltung: Elisabeth Berthauer
Redaktion: Konrad Haase
Nachauflagenredaktion: Markus Hederer
Titelbild: Medien-Kommunikation, Unna, Bernd Rudolph
Fotos: Archiv des Autors; Redaktion: „Selbst ist der Mann", Robert Bosch GmbH; Knauf Bauprodukte GmbH, Schlüter-Schiene GmbH
Grafiken: Malcolm Powell, Köln

Satz und Umbruch: Hans-Werner Bastian, Brühl
Druck: Appl, Wemding

817 26